U0099030

可於第一線使用！

建構機器學習系統
實踐指南

運用設計模式的最佳設計、建構與維護方法

澁井雄介 著 ｜ 許郁文 譯

現場で使える！機械学習システム構築実践ガイド

(Genba de Tsukaeru! Kikaigakushu System Kouchiku Zissen Guide:7340-5)

© 2022 Yusuke Shibui

Original Japanese edition published by SHOEISHA Co.,Ltd.

Traditional Chinese Character translation rights arranged with SHOEISHA Co.,Ltd.

through JAPAN UNI AGENCY, INC.

Traditional Chinese Character translation copyright © 2024 by GOTOP INFORMATION INC.

PREFACE 前言

本書的主旨在於說明於商業世界建立機器學習機制的方法。具體來說,會先定義各種使用機器學習的商業場合,再實際建構工作流程與系統。本書建置的工作流程與系統不會只是機器學習的模型,而是會以實際的商業場合或是團隊為前提,建立應用機器學習所需的前台、後台、基礎架構、管線、BI 工具與其他相關的軟體。市面上已有許多實際應用機器學習的相關書籍,而這些書籍也介紹了許多相關的技術與實例,但是卻很少書籍介紹驅動機器學習的系統該如何建構。如果不說明驅動機器學習的軟體該怎麼製作,恐怕無法了解該如何實際應用機器學習。其實跳過系統開發這一塊的說明,也能說明該如何利用實際的商業資料建構實用的機器學習模型,也能根據機器學習的特性與重點說明機器學習的實用範例。市面上也有說明各種使用機器學習相關技術(例如 TensorFlow、scikit-learn 這類函式庫、Amazon Sagemaker、Google Vertex AI 這類機器學習平台、MLflow、SHAP 這類 OSS)或是說明相關實例的書籍。此外,機器學習工程師與軟體工程師參考這類書籍與專題,應用機器學習的範例也可說是不勝枚舉。不過,這類書籍雖然介紹了機器學習模型的建構方式與使用方式,卻很少提到讓機器學習付諸實用的課題設定方法、工作流程的設計方法以及系統建置方法。要讓機器學習能夠付諸實用,就要設定利用機器學習解決的課題與建立機器學習得以運作的系統。放眼全世界,幾乎沒有使用者與系統各自獨立的機器學習。大部分的軟體都是內嵌於系統,作為解決課題的系統元件運作,藉此直接或間接向人類提供利益。如果將機器學習視為軟體,那麼機器學習也能套用上述的定義,那就是要讓機器學習付諸實用就得定義使用機器學習的場合,設定只有機器學習能夠解決的課題,再讓機器學習嵌入系統或是融入人類的活動。換言之,就能得先設定課題,了解為什麼解決這個課題需要使用機器學習,以及思考該如何建構機器學習,以及該如何使用這個機器學習才能解決課題,同時還要設計機器學習以外的工作流程與系統,之後也要繼續維護這些工作流程與系統。這意味著,不說明使用機器學習的流程,就無法說明讓機器學習付諸使用的方法。

軟體工程與機器學習的實用化也息息相關。光是要製作應用機器學習的批次系統或是智慧型手機 APP，通常都需要撰寫非機器學習的程式。市面上大部分機器學習的書籍都會說明機器學習的程式與用途，卻很少說明應用機器學習的軟體、系統，以及應用這類系統的工作流程。如果要打比方的話，就像是說明了處理魚的方法以及微波爐的使用方法，卻沒有說明烹調方式的食譜書（將魚剖成三片當然是非常困難的技術，對於曾經讓雞蛋在微波爐爆炸的作者而言，這類食譜書也幫了大忙）。對於真正想要學習料理的人，需要的是介紹做菜過程的書，同理可證，對於真正想使用機器學習的人，需要的是介紹驅動機器學習的軟體該如何製作的書籍。

作者在前著《AI 開發的機器學習系統設計模式》（ISBN：9786263242036）介紹了將機器學習嵌入正式系統所需的各種模式。這本作品介紹了讓機器學習在 API 或是批次系統運作所需的設計模式與範例程式，所以各位若是閱讀這本作品，應該能夠學會實際應用機器學習的方法。本書則是介紹在前一本著作未及介紹的部分。比方說，預設了可能遇到的課題，再說明如何將機器學習嵌入系統與工作流程的方法。為了說明這些內容，作者自行製作了智慧型手機 App、後台、批次系統以及相關的資料。於書中製作的軟體也是能正常運作的系統（不過各企業的業務以及各種系統的技術都不同，所以無法直接沿用這套於書中製作的軟體）。此外，這些程式也都根據預設的腳本（商業用途、團隊成員人數、使用者現況）進行開發。閱讀本書，一定能以個案研究的方式，學會讓機器學習實用化所需的課題設定技術、工作流程設計技術、系統開發技術與團隊建置技術。這世上當然沒有能於所有商業場合應用的技術與知識，但是建置機器學習系統的方法論或是思維的確能於各種商業場合應用。如果本書能在開發機器學習系統這點助各位一臂之力，那將是作者的榮幸。

本書得以出版，都得感謝宮腰編輯（也是前著《AI 開發的機器學習系統設計模式》的編輯）、負責校閱的株式會社 Citadel AI 的杉山阿聖與 MLOps 社群的田中翔。同時也非常感謝現職 Launchable Inc. 的同事給予鼓勵。我家小貓威廉（布偶貓）與馬爾可烈特（挪威森林貓）也讓身為貓奴的我得到安慰（但我沒有請牠們寫稿）。借此版面，感謝上述給予許多幫忙的朋友。

2022 年 11 月吉日

澁井 雄介

INTRODUCTION ## 本書的目標讀者與必要的先備知識

本書主要對 AI 工程師與系統工程師介紹在特定商業場合應用機器學習所需的工作流程與系統，以及建立開發與維護團體的方法。

本書會說明機器學習系統的雲端架構，以及利用 Python 建立機器學習系統的實例，說明應用機器學習的方法，維護與改善機器學習系統的重點。

為了確認程式碼可以執行，本書使用的平台為 Docker 與 Kubernetes。

程式設計語言則以 Python 為主。在開發部分 Android 應用程式的時候會使用 Kotlin。

此外，使用 Poetry 管理 Python 函式庫。

本書使用的機器學習函式庫主要為 TensorFlow、scikit-learn、LightGBM。資料處理的函式庫則使用 pandas、Numpy、pandera 這些函式庫。

在建置系統時，會使用 Argo Workflows 這套工作流程引擎，搜尋引擎則使用 Elasticsearch，機器學習管理則使用 MLflow，網頁畫面則使用 Streamlit 製作，至於 Web API 的部分則使用 FastAPI 以及其他軟體製作。

本書也會使用各種函式庫或軟體建置系統，其中較重要的函式庫或軟體則會於內文進一步說明。

本書的編排方式

本書總共分成四個章節。

第 1 章「課題、團體、系統」會說明如何挑出該以機器學習解決的商業課題，以及解決該課題所需的工作流程與系統的建置方法，最後還會說明應用機器學習的團隊該如何組成。

第 2 章「建立需求預測系統」則是以虛擬的全國 AI 商店為前提，說明如何利用機器學習預測飲料需求的流程。

第 3 章「利用動物圖片應用程式建置違規內容偵測系統」則會說明以虛擬的動畫圖片分享應用程式「AIAnimals」偵測使用者違規行為，以及禁止使用者違規的工作流程，以及建置機器學習系統與評價系統的方法。

第 4 章「於動物圖片應用程式的搜尋功能使用機器學習」則會說明在「AIAnimals」的搜尋系統使用機器學習，改善搜尋使用者體驗的方法。

 本書範例檔的執行環境

本書於 GitHub 發表的範例檔已於 表1 的環境確認可正常執行。

表1 執行環境

Linux	
項目	內容
Ubuntu	22.04 LTS
處理器	3.60GHz 4 核 Intel Core i3-10100F
記憶體	32GB
GPU	NVIDIA GeForce RTX 3060 Ti 8GB

Python	3.10.4
Docker	20.10.17, build 100c701
docker-compose	1.29.2, build 5becea4c
kubectl	1.22.12
Android Studio	android-studio-2021.2.1.15-linux
Kubernetes Cluster	使用 Google Cloud Platform

macOS	
項目	內容
macOS	Monterey 12.5.1
處理器	2.3GHz 8 核 Intel Core i9
記憶體	32GB
Python	3.10.6
Docker	4.10.1
docker-compose	1.29.2
kuberctl	1.22.3
Android Studio	Chipmunk 2021.2.1

書上的範例檔與 GitHub 範例檔的差異之處

為了幫助大家了解與應用各種設計模式，特別準備了程式碼。也為了幫助大家快速了解這些設計模式，只介紹了最簡潔的程式碼。由於版面空間有限，也為了維持易讀性，部分的程式碼會分行，某些處理則會簡化。若是因為版面空間有限而造成各位讀者不便，還請大家見諒。

本書的範例檔

● 隨附資料的介紹

隨附資料（範例檔）的全文已於下列的 GitHub 儲存庫公開。執行範例的時候，請直接從儲存庫複製程式碼。此外，在執行程式的時候，請務必從 GitHub 儲存庫複製程式碼，因為內文的程式碼會因為於前述「本書的範例檔與 GitHub 的範例檔的不同之處」的理由而無法正常執行，還請各位特別注意。

- 隨附資料的下載的網址：**shibuiwilliam/building-ml-system**

  URL https://github.com/shibuiwilliam/building-ml-system/

● 隨附資料的著作權

隨附資料以 MIT 授權條款提供。各位讀者可在 MIT 授權條款的範圍之內使用附屬資料。不過，若是複製使用附屬資料，必須在軟體的重要部分加註著作權聲明和許可聲明。此外，作者與出版社不為軟體擔保任何責任。

● 免責事項

本書內容是根據 2022 年 10 月的法令製作。

本書內文提及的 URL 有可能未經公告而修改。

本書的內容雖已力求正確，但作者與出版社將不對內容與範例使用結果負擔任何責任。

本書提及的公司名稱、產品名稱都屬於各家公司的商標與註冊商標。

● 關於著作權

隨附資料的著作權為作者與株式會社翔泳社所有，禁除個人使用之外，禁止另做他用，未經許可，也禁止於網路散佈。個人使用時，可自行改寫程式碼或是沿用。若需商用，請與株式會社翔泳社聯絡。

2022 年 10 月

株式會社翔泳社　編輯部

CONTENTS

CHAPTER 1 課題、團體、系統 `001`

CHAPTER 4 於動物圖片應用程式的搜尋功能使用機器學習 （223）

課題、團體、系統

要透過機器學習促進生意或是推銷產品，就必須設定課題、建置環境以及打造團隊。要想應用機器學習就必須找出重要的課題，也必須決定以何種機器學習的方法解決這個課題。不需要機器學習的課題就不需要透過機器學習解決。只要有比機器學習更好的解決方案（例：便宜好用的 rule-based），使用該解決方案反而是更好的選擇。要利用機器學習解決課題，也必須建置應用機器學習的環境。而要採用機器學習，必須利用電腦系統管理業務或是部分產品。由於機器學習是一種軟體，所以若不將與機器學習有關的業務放入電腦系統，就無法利用機器學習管理這些業務。另一項重點則是要累積有用的資訊，機器學習才能派上用場。沒有資料，就無法著手開發機器學習。最後還得建立開發與維護機器學習的團隊。本章將為大家說明讓機器學習實用化所需的條件。

1.1 如何透過軟體技術解決商業課題

雖然機器學習是解決商業問題或是生活課題的工具之一，但只有機器學習這項工具是無法解決所有問題的。要想有效應用機器學習就必須準備執行機器學習的電腦系統，以及開發、維護這套系統的團隊。

要利用機器學習與軟體技術解決商業課題必須將該軟體嵌入系統或是工作流程。所謂的系統就是電腦硬體、軟體與週邊設備組成的機制，例如管理出缺席的公司內部系統，或是讓生活變得更加方便的 E-commerce 這類網頁系統。所謂的工作流程就是解決課題的步驟，主要包含系統與人類的業務。比方說，員工透過人事系統申請特休，管理職批准請假，或是消費者透過 E-commerce 選擇商品，將商品放入購物車、決定購買、結帳、倉庫打包商品，要求貨運業將商品從倉庫送到家，都屬於工作流程的一種（ 圖 1.1 ）。

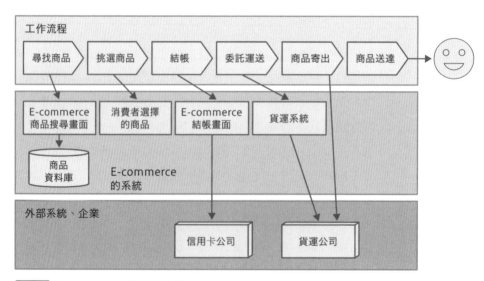

圖 1.1 E-commerce 的工作流程

現代的生活與工作充斥著各種系統與工作流程。要利用機器學習打造更方便的生活，就必須將機器學習納入系統，讓工作流程的某些步驟自動化或是擴張功能。

比方說，想利用機器學習預測需求，規劃進貨量的時候，可利用機器學習預測該商品售出的數量（需求）。如果是人類自行預測需求，負責人可預測未來（例如下週、下個月）的銷售數量或是來客數，再規劃採購的商品量以及人力的配置。如果是利用機器學習預測需求，由負責人預測的步驟就會由機器學習執行。將預測需求的機器學習嵌入系統，就能讓這個步驟自動化。

此外，在 E-commerce 或是網頁佈告欄這類網頁服務搜尋內容時，也可以利用機器學習排序搜尋結果。所謂的排序搜尋結果可分成兩種，一種是依照時間順序或是「按讚」數這類明確的條件排序，另一種則是根據受歡迎程度這類不明確的條件排序。利用機器學習排序搜尋結果時，可根據點閱數與評價進行綜合評估，以及預測「受歡迎程度」再進行排序。此外，除了可利用單字搜尋內容，還可以讓機器學習透過圖片搜尋內容。這就是將圖片上傳至搜尋系統，搜尋相似圖片的例子。此時可讓使用者多一種透過圖片搜尋的方法，讓使用者享受不同的搜尋體驗。由此可知，將機器學習嵌入系統可讓生活變得更方便，也能解決更多課題。

要利用機器學習改善工作流程，就必須定義工作流程的內在課題，決定該課題如何解決或是如何改善。工作流程的課題非常多種，例如人類覺得不方便的部分、容易搞錯的順序，或是系統常見的錯誤，未自動化的步驟以及耗費大量時間與成本的步驟。在這些步驟之中，有些可以透過電腦系統改善（或是置換成電腦系統）並使用機器學習，這些步驟就是能透過機器學習解決的課題。

要有效應用機器學習必須滿足幾個前提：比方說，準備資料，決定開發費用，或是設定不是 100% 正確解答也無妨的條件（換言之，偶爾出錯也沒關係）。有時候就算這些前提滿足，也不代表就能有效應用機器學習，因為使用了機器學習，就必須能夠降低成本、減少工程數或是改善品質才行。最近在機器學習的世界常聽到「正派的機器學習工程師的工作重點之一，就是在遇到不需要機器學習的專案時，大膽說出這個專案『不需要機器學習』」這個笑話。有些想利用機器學習解決的課題其實不需要使用機器學習，而且還有很多機器學習幫不上忙（或是越幫越忙）的課題。挑出機器學習派得上用場的課題，決定要不要使用機器學習也是非常重要的環節。假設要在業務或是商品都還未系統化的情況採用機器學習，就得耗費不少精力與成本局部或全面導入電腦系統（圖1.2）。假設得耗費許多成本建置與維護電腦系統，有時這個成本會比開發與發佈機器學習模型的成本更為昂貴。在大多數的情況下，都沒辦法跳過導入系統這一步，直接採用機器學習。系統與機器學習之間的關係，就是先建立系統，再將機器學習嵌入系統。要透過機器學習解決課題，就必須先思考導入系統的成本，再思考解決這個課題的好處是什麼。近年來，數位轉型（Digital Transformation）非常流行，許多原本由人類負責的步驟都系統化與自動化，但是導入機器學習則是在這些之後的步驟。

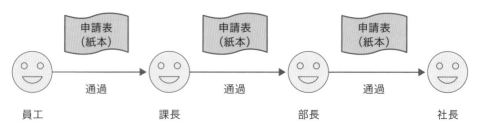

機器學習幫不上忙的例子。
在導入機器學習之前，必須先導入系統

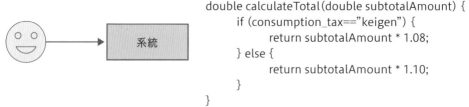

```
double calculateTotal(double subtotalAmount) {
    if (consumption_tax=="keigen") {
        return subtotalAmount * 1.08;
    } else {
        return subtotalAmount * 1.10;
    }
}
```

機器學習幫不上忙的例子。
需要100%正確。
此外，消費稅的計算(標準稅率10%與減免稅率8%)可利用條件式撰寫，
所以不需要使用機器學習。

圖 1.2 機器學習幫不上忙的例子

要有效運用機器學習就必須建立導入機器學習的系統，也必須維護系統，而這個部分需要開發與維護系統的人力（圖1.3）。一般來說，需要軟體工程師這類專家進行介入。軟體工程師可依照各自專業進一步分類，以機器學習的專家為例，就稱為機器學習（ML）工程師或是資料科學家，如果是智慧型手機應用程式的開發者就稱為前台工程師，如果是 Android 工程師、iOS 工程師或

資料專家，就稱為資料工程師或是資料庫工程師。這些職稱在每個業界或企業不盡相同。在系統開發、軟體開發這個廣大的業界之中，軟體工程的分類非常細膩，光是要建立一套應用機器學習的系統，就會用到各種不同的技術。換言之，要建立與維護一套讓機器學習實用化的系統，就需要組建一個擁有相關技能的工程師團隊。

某個內容新增應用程式

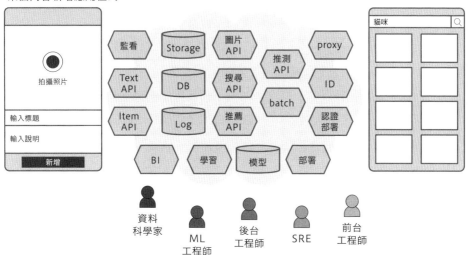

圖 1.3 要有效運用機器學習所需的技術

本書會說明透過機器學習解決商業課題的步驟以及建置相關系統的方法。具體來說，就是先定義具體商業場合，預設企業團隊的規模、所需技術以及系統，重新定義解決課題的工作流程與設計系統，之後則是實際建置系統，讓系統運作，再讓內建機器學習的產品實用化。本書的目的不是說明機器學習的理論或是方法論，而是想透過機器學習實用化的步驟以及開發產品的例子，幫助各位讀者透過機器學習打造更方便的生活。為了完成這個目的，本書將介紹一些常見的商業課題，例如預測商品的需求，偵測網路服務違規操作，以及改善搜尋系統的方法，作者會帶著大家從 0 開始建置這些系統。同時還會透過程式說明將機器學習嵌入這些系統的步驟，以及說明機器學習在這些系統如何運作與維護。最後還會介紹建置這類系統所需的技術以及團隊成員的技能組合，讓各位讀者知道在真正的商業場合使用機器學習的方法與技術。

1.2 設計利用機器學習解決課題的腳本

「設定以機器學習解決的課題」這句話讓人覺得公司內部已經有可以透過機器學習解決的課題，也可以立刻為了解決該課題而開發機器學習。不過，在各種商業應用場景之中，有許多有待解決的課題，而我們必須從中找出可利用機器學習解決的課題，以及評估利用機器學習解決該課題的優點是否高於導入機器學習的缺點。

比方說，有許多企業都在網站使用了聊天機器人，但真的有必要利用機器學習讓這個聊天機器人學會對話嗎？（ 圖1.4 ）雖然造訪網站的使用者會因為不知道該怎麼使用商品而詢問聊天機器人，但不代表在這種聊天機器人使用機器學習是件合理的事情，因為聊天機器人不過是種工具。想利用聊天機器人這種工具解決的課題，通常是以 Q&A 的方式一步步釐清使用者的問題再提出解決方案。

其實就算不使用機器學習，也可以將這種聊天機器人設計成選項式問卷，讓使用者透過選項找到理想的解決方案，這種方式一樣能夠解決課題。這種問卷方式在技術層面上，遠比機器學習來得簡單，有時甚至能創造更優質的使用者體驗，而且問卷方式的開發工序也比較簡單，只需要先列出問題與選項，之後再利用多個 if-else 條件式打造一問一答的流程，就能解決問題。

如果利用機器學習打造聊天機器人，就必須先將使用者對商品的疑問轉換成文章，再匯入聊天機器人，然後讓聊天機器人透過機器學習理解這些文章與找出解決方案，然後再將解決方案輸入聊天機器人。要讓聊天機器人透過機器學習了解文章，就必須先準備大量的問題以及對應的解決方案，然後再開發機器學習模型，以及將該模型植入正式的系統。要準備如此大量又完全正確的資料集是件非常困難的事，而且當商品的使用方法改變時，就得另外準備新的資料集。雖然商品的使用方式不一定都這麼複雜，更新的頻率也不一定很高，但是問卷式聊天機器人的開發與維護流程，應該會比機器學習式聊天機器人簡單十倍，而且問卷式聊天機器人的題目還可以翻譯成英文或中文，支援不同的語言。若是以機器學習開發聊天機器人，就必須為了支援多國語言而準備各種語言的文章，再為了這些語言的文章建立不同的機器學習模型。

我的意思不是利用機器學習開發聊天機器人絕對不符合效率，而是在使用機器學習之前，一定要先思考，該課題是否真的非使用機器學習解決不可。

● 利用「建立規則」的方式開發聊天機器人

● 利用機器學習開發聊天機器人

圖 1.4 利用「建立規則」模式開發的聊天機器人與利用機器學習開發的聊天機器人

必須利用機器學習解決的課題，是那些可以用其他方法解決但品質和成本不如機器學習的課題。本書先前說明的網頁佈告欄規則違反偵測的圖像辨識就是其中一例。近年來，機器學習辨識圖像的精確度已遠遠高於人眼，而且都能自動辨識。如果是能以圖像辨識解決的課題，那麼使用機器學習當然也是合情合理的選擇。不過，圖像辨識的課題不一定都得利用機器學習解決。以網頁佈告欄一天最多只有十篇圖像貼文，上傳人臉視為違規的情況來看，員工一下子就能從十篇圖像貼文之中找出違規的文章，判斷該文章的圖像是否為人臉也不會超過 30 秒，所以 10 篇文章 ×30 秒 =300 秒，也就是 5 分鐘，換言之，要判斷上傳的圖像貼文是否違規只需要 5 分鐘。要不要將這 5 分鐘的作業交由機器學習處理端看公司的情況，但就大部分的情況來說，讓機器學習解決更重要的課題會是比較好的選擇。

話說回來，如果網頁佈告欄一天有一百萬篇圖像貼文又當如何？就算辨識一張圖片只需要 30 秒，一百萬篇貼文就得耗費 100 萬篇 ×30 秒 =3,000 萬秒，如果全由一個人來做，相當於需要 347 天才能完成，如果 1,000 個人來做，大概可在九個小時之內完成（但是不能休息）。光是為了辨識圖像就雇用一千名員工，絕對不符合經營成本。此時就該利用機器學習自動辨識圖像，才能刪減一千名員工的人事成本，使用機器學習也變成合理的選擇。

要利用機器學習解決課題就必須先定義利用機器學習解決課題的狀態，若以上述偵測違規貼文為例，就是能夠刪減人事費用，維持與改善服務品質。所謂的「刪減人事費用」是指，維護機器學習的人事費用低於以人力篩檢違規貼文的人事費用的狀態。至於維持服務品質則是指，利用機器學習偵測違規貼文的疏漏率，低於服務得以正常營運（避免使用者瀏覽多餘的圖片或是惡質內容，留住使用者的意思）的疏漏率的意思。雖然是為了達成這兩個目標而導入機器學習，但使用機器學習不代表沒有任何風險，也不代表能零成本解決課題。要讓機器學習能付諸實用，需要聘請工程師，當工程師的人事費用超過以人力辨識圖像所需的人事費用時，就無法達成刪減人事費這個目標。此外，就算機器學習能 100% 正確辨識人臉，卻有 50% 的機率誤判動物的臉，此時就必須修正機器學習的規則，將動物表情的貼文視為合格貼文。換言之，必須另外解決這種誤判的問題（或是判斷這個問題是否不需要解決）。

所謂利用機器學習解決課題的腳本就是選擇課題、釐清解決課題的方式、定義以機器學習解決課題的狀態，以及在解決課題之後，找出解決新課題的方法。幾乎沒有任何方法或技術可以完美地解決課題，而且社會、企業與個人所面對的課題通常很複雜也很難解決。本書會在**第 2 章**、**第 3 章**、**第 4 章**定義需求預測、違規預測、搜尋引擎的課題，以及介紹利用機器學習解決這些課題的方法。雖然無法 100% 解決這些課題，但至少能解決 50% 以上的問題。盡管本書介紹的課題與讀者遇到的課題不盡相同，但如果能為大家的課題帶來一線曙光，那將是作者的榮幸。

1.3 根據團隊規模和技術思考 開發與維護系統的流程

要讓機器學習付諸實用就要開發系統與機器學習，所以需要聘用工程師。大部分的軟體都是由團隊進行開發，很少是由一名工程師獨力開發的。

一如前述，要讓機器學習付諸實用必須開發系統，而要開發與維護系統、機器學習，就必須聘用軟體工程師。在大多數的情況下，系統不會是由一名軟體工程師獨力開發。當系統的規模越大，就會變得越複雜，也更容易發生故障。雖然系統的複雜程度或穩定性與設計或是選擇的技術有關，但是一個人絕對無法獨力開發與維護整套系統。

開發一套系統會用到各種技巧，所以才需要組成團隊，至於團隊的大小則取決於企業的規模以及今後的成長潛力。以經營中型網路服務的企業為例，團隊成員通常會包含基礎架構工程師、後台工程師、前台工程師、資料工程師、工程管理師。如果是開發智慧型手機應用程式的新創企業，團隊成員則會是智慧型手機工程師、後台工程師或是 CTO。如果是提供機器學習顧問服務的企業，團隊成員通常會是資料科學家、機器學習工程師、技術顧問，由此可知，需要的技術與團隊人數取決於企業的狀態與業務。

利用上述的職種建立理想的團隊（ **圖 1.5** ）。有時候會為了基礎架構而特別建立一支團隊，有時候也會為了後台管理而建立團隊，但有時候則會為了特定的責任範圍（使用者管理領域或是內容管理領域）建立成員擁有不同技術的團隊。不管是哪種團隊都有優點，但是不同的團隊成員可打造不同的系統。

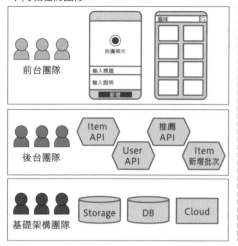
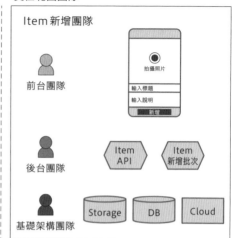

不同職種的團隊　　　　　　　　　　　　　責任範圍團隊

圖 1.5 不同職種的團隊與責任範圍團隊

以團隊成員分別為後台工程師、前台工程師、機器學習工程師的團隊為例，這種團隊雖然可打造將機器學習植入網頁服務的產品，但很難建立資料集或是開發智慧型手機應用程式。機器學習工程師若不具備機器學習以外的軟體開發經驗，產品的軟體部分就會由後台工程師與前台工程師包辦，團隊成員之間的工作量也會出現落差。假設後台工程師缺乏維護系統以及開發基礎架構的經驗，就無法解決產品的故障，系統也會變得不穩定。一般來說，由擁有豐富的經驗與技術的工程師組成團隊是最理想的狀況，但不是每次都能達到這種理想的狀況。最實際的做法還是讓團隊成員一邊成長，一邊學習開發與維護系統的技術。

團隊成員的人數、開發的期限與預算通常都很有限，在大部分的情況下，都不太可能聘請一堆經驗豐富的工程師，以及無限延長開發的期限與無限增加預算。系統的規模與複雜度往往受限於團隊的人數以及技術。要讓機器學習付諸實用時，如果能有開發機器學習模型的資料科學家或是機器學習工程師幫忙建立資料集或是資料管線，當然是再理想不過的事，不過，往往會因為各種問題（例如人手不足、預算不足、時間不足）而無法建立資料集，而在這種情況下，就只能從正式上線的資料庫或是公司內部檔案取得需要的資料集，再讓機器學習進行學習或預測。此外,將機器學習透過學習得到的模型當成推論器發佈時,建置系統或是管線若不夠完善,工程師(通常會是機器學習工程師或是後台工程師)就必須自行將學習完畢的模型嵌入推論器再發佈。從機器學習開發效率的觀點來看,資料集與發佈架構是非常重要的部分,這兩個部分若是不夠完善,機器學習根本不可能付諸實用,所以必須比較建置資料集與發佈架構的工序,以及在資料集與發佈架構都不完善的狀態下開發機器學習的生產力。

以資料集常常更新或是機器學習模型常常發佈的系統(例:有時都會有新資料匯入的 E-commerce)為例,資料集與發佈架構完善絕對是一大幫助,反觀資料集很少大幅更新,機器學習模型也很少重新發佈的系統,就不太需要建置資料集或是發佈架構,所以才需要思考,要解決的課題是否真的能利用機器學習解決,而且是否有必要維護機器學習的系統。假設結論是應該使用機器學習,而且必須維持機器學習的系統,就有必要為了機器學習準備資料集以及建置發佈架構(註:除了機器學習之外,資料集與發佈架構在軟體開發流程之中,也是非常重要的一環)。如果要以有限的成員開發與維護系統,就只能在限制之下開發可行的系統,不需要一開始就打造 Google 這種搜尋系統,或是 Amazon.com 這種大型線上商店,也不需要建立與這些企業規模相當的團隊,只需要根據現有的資料規劃可行的工作流程,建立合適的系統,以及嵌入機器學習,應該就能解決許多問題了。

1.4 設計機器學習系統的架構

確定解決課題的腳本與團隊成員之後，接著要設計系統的架構。系統是由實現工作流程所需的軟體與硬體組成，而架構則是組成系統元件的方法，所以在設計架構時，必須思考打造工作流程所需的部分以及技術。

如果是製作系統化的工作流程可參考現有的工作流程，以**第 2 章**說明的商品需求預測的工作流程為例，就是各門市的店長根據直覺或是經驗預測下週商品銷路，再決定商品的進貨數量。就算使用機器學習，預測需求、事先決定商品進貨數量的部分也沒有什麼明顯的改變，唯一需要的只是先取得機器學習預測需求所需的資料，再讓機器學習進行預測，然後將預測結果放入各門市的商品進貨數量流程。這部分有可能透過技術實現嗎？雖然要怎麼做都可以，但是開發的工序與難易度，會隨著現有的系統與資料而增減。要讓機器學習進行預測時，需要先準備門市資料、商品資料與業績資料，但是，這類資料若是以紙本管理的話，機器學習就無法利用這些資料進行學習，所以得先將這些資料匯入電腦。假設團隊成員、工序、預算都確定了，或許就能建立管理上述這些資料的資料集，再建立從 POS 系統自動將資料匯入資料集的資料管線。不過，要從利用紙本管理業績資料的狀況走到將資料匯入資料集，再讓機器學習利用資料集進行學習這一步，是非常遙遠的距離。先以自動或手動的方式將資料輸入試算表軟體，再將這些資料轉換成 CSV 檔案，然後透過公司內部的檔案分享系統分享，藉此管理過去的銷售資料，就能替機器學習準備所有預測需求所需的資料。由於這部分是由人類負責，所以必然會多出一些工序，也有可能會發生錯誤，不過，完全自動化的系統可以等到機器學習產出的價值高於打造自動化系統的成本時再考慮。從檔案分享系統取得資料，再根據這些資料建立機器學習的需求預測模型，然後將推論結果發送給各門市，讓各門市根據該推論結果決定進貨數量。如果這套工作流程與系統都建置完成，應該就能利用機器學習解決課題。

設計系統架構的重點在於利用該架構建立工作流程。在開發軟體的世界裡,有分享設計模式,幫助軟體開發工程師設計架構的文化。作者於前作《AI開發的機器學習系統設計模式》(ISBN:9786263242036)就將讓機器學習付諸實用的系統架構當成設計模式發表。

● **AI 開發的機器學習系統設計模式**

URL https://www.gotop.com.tw/books/BookDetails.aspx?Types=v&bn=ACD022100

用於建立本書介紹的機器學習系統的架構也會使用前作說明的設計模式,而且下一節也會介紹一些未於前著介紹的設計模式。即使到了現在,機器學習的理論與實用化的相關研究都仍如火如荼地進行,也有越來越多的論文與函式庫或範例發佈,作者也希望能有更多機器學習系統設計模式問世,讓全世界的工程師都能蒙受其惠。

本書為了將機器學習植入系統,會撰寫許多機制,其中包含機器學習的學習架構以及推論系統,也包含 BI 儀表板、Web API、搜尋架構、智慧型手機應用程式。這些都是要利用機器學習打造系統,改善使用者體驗所需的元件。本書的目標在於介紹機器學習系統全貌,利用機器學習以及系統的開發與維護解決課題。在程式撰寫的部分會盡可能使用免費的 OSS 工具。在本書製作的元件之中,也有使用透過雲端提供的付費服務就能立刻完成的元件,但是,若使用這種特定的雲端服務,那麼沒有使用這類雲端服務的讀者或組織,就不可能打造相同的系統,所以本書才決定使用任何人都可以使用的工具撰寫程式。

本書撰寫的系統已於下列的 GitHub 儲存庫公開。本書會擷取程式的重點進行說明,如果需要完整的程式碼,請自下列 URL 下載。

● **shibuiwilliam/building-ml-system**

URL https://github.com/shibuiwilliam/building-ml-system/

1.5 新的機器學習系統設計模式

前面已經提過，機器學習系統設計模式可根據運用機器學習的系統架構以及維護方式分成不同模式。機器學習系統設計模式的內容當然不是全部，但新的設計模式往往會因為應用各種機器學習的專案而誕生。

接下來要在機器學習系統設計模式追加新模式。於本節追加的模式會是後續使用的系統設計。

1.5.1　評估儀表板模式

機器學習是透過數據進行評估，評估指標也有非常多種，例如正確率、平均誤差都是其中一種。當推論對象的資料增加，就得針對每筆資料進行評估，得確認的評估結果也會跟著增加。全國連鎖門市或是企業銷售的商品種類多達數百種，利用機器學習針對每間門市或是商品種類進行評估，再確認這些評估結果的業務也非常複雜，光是要將這些評估結果整理成清單或是表單的數據，再判讀這些數據，就得耗費不少時間。本節介紹的評估儀表板模式可將這些評估結果轉換成儀表板之中的圖表，讓使用者一眼讀懂評估結果。

● 使用情況

- 在機器學習的學習結果或是推論結果，需要與訓練資料或是實際資料比較或評估的時候使用。
- 在資料量過多，無法只憑數值一眼看出評估結果的時候使用。

● 要解決的課題

在應用機器學習的場景之中，很少出現只以所有資料的正確率或是誤差評估機器學習的推論結果。大部分的資料都包含五花八門的項目（例如地區、門市、時段、商品種類、使用者類別），針對這些項目確認機器學習的評估結果，再針對這些項目研擬對策是非常重要的業務。機器學習的模型評估也會將資料拆解成不同的項目，再針對這些項目分析正確率與誤差。假設機器學習執行的業務負責商品是食品，其會根據食品資料（或是讓食品資料與其他資料比較）研擬提升業績或是降低成本的對策，而且大部分的資料都有很多面向。換言之，資料往往包含多個元素，光是某個食品的銷售成績資料，就可能包含銷路較佳的地區、門市名稱、熱銷時段、製造商名稱、產地名稱、有無折扣、是否為生鮮食品這些元素。除了這些項目資料之外，也會將價格、份量、營養價值這類數值資料統整至某個範圍（群組化）再進行分類。一般來說，會使用 BI（Business Intelligence）或是資料分析的手法根據上述這些元素分析評估結果。為了能一眼讀懂分析結果，就會使用 Redash、Looker 或 Tableau 這類 BI 儀表板。所謂的評估儀表板就是使用 BI 儀表板，讓使用者一眼就能讀懂評估結果的設計模式。

● 架構

BI 工具有些是免費的，有些則需要付費才能使用，而且種類也非常多。選擇使用哪種工具之後，取得資料的方式、製作圖表的方式、具體呈現的手法、向利害關係人報告的方式都會不一樣。一般來說，BI 工具包含下列這些功能（ 圖 1.6 ）。

- 資料連線：與資料庫或是資料倉儲連線，取得以其他功能操作的資料。

- 報表功能：在畫面顯示資料、圖表或是表單，說明形狀與釐清課題。

- 儀表板功能：將資料、圖表與表單轉換成元件，再於畫面顯示。使用者可操作期間、地區這類參數，調整元件的可視化範圍。

- 分析功能：透過線上分析處理或是資料探勘手法，從不同的角度分析資料。可執行切片或是向下鑽研（Drill down）這類資料分析。可分析時序資料的規則與傾向，再預測未來的趨勢。

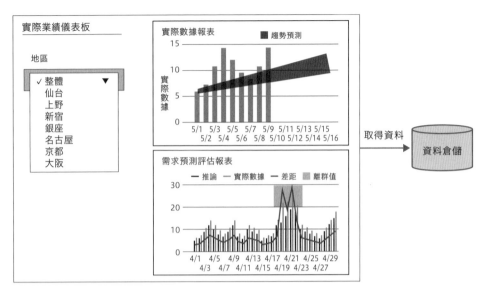

圖 1.6 BI 工具的儀表板範例

透過 BI 工具可視化資訊的方式也能在其他用途使用。比方說，在開發機器學習模型時，就會需要讓學習曲線、ROC 曲線、時序資料推論曲線的評估結果以不同的方式可視化。當推論值的變化越大，需要推論的資料越多，以圖表或是其他可視化手法呈現評估結果，會比只有數據的評估結果來得更有效率，也更能透過直覺理解評估結果。評估儀表板設計模式會將評估結果轉換成圖表，讓使用者從不同的角度了解機器學習模型的有效性（ **圖 1.7** ）。

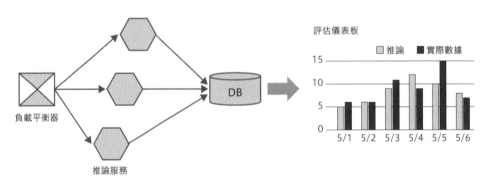

圖 1.7 於機器學習模型開發使用儀表板的範例

使用評估儀表板設計模式的情況大致分成兩種（ 圖 1.8 ）。

1. 機器學習模型發佈之前的評估：在機器學習模型發佈為正式上線的系統之前，比較評估資料與訓練資料時，就會使用這種設計模式。利用個別資料或是群組化資料比較推論結果與訓練資料，分析學習模型如何推論這些資料。在群組化資料的時候，可根據月份、地區、商品種類建立群組，釐清各群組的推論趨勢與評估結果。完成這類分析之後，機器學習的團隊或是負責下決策的高層即可確定機器學習模型是否可發佈為正式上線的系統。

2. 機器學習模型發佈之後的評估：這種設計模式也可在機器學習模型發佈之後，用於評估推論結果與實際數據。比方說，可在儀表板顯示推論結果與實際數據之間的誤差，以及源自這些誤差的課題或是相關的對策。在同一個儀表板顯示機器學習模型的效果以及推論結果與實際數據之間的誤差，可讓團隊成員達成共識。

於評估儀表板可視化資料的方法取決於資料的種類。以時序資料為例，可讓推論結果與訓練資料（或是實際數據）沿著時間軸排列，再利用折線圖或是長條圖整理資料，讓使用者一眼看出這些資料在時間軸上的變化。如果是各地區資料，就可替各地區的資料製作圖表，或是直接將資料植入地圖。如果是商品類型資料或是使用者類型資料，可依照商品類型或是使用者類型整理資料，再根據整理完成的資料繪製圖表。推論結果與實際數據的評估結果可根據資料的種類選擇適當的呈現方式。

假設公司內部已經導入了 BI 工具，可利用現有的 BI 工具建置機器學習的評估儀表板。如果希望獨立管理評估儀表板，或是利用程式繪製圖表，可使用 Streamlit 或 Plotly Dash 這種內建資料分析功能的網頁應用程式。Streamlit 與 Plotly Dash 都可以利用 Python 繪製圖表，也可當成網頁應用程式啟動，在網頁瀏覽器顯示圖表。由於可利用 Python 撰寫程式，所以可使用 Python 內建的資料分析函式庫或是機器學習函式庫。

發佈前評估

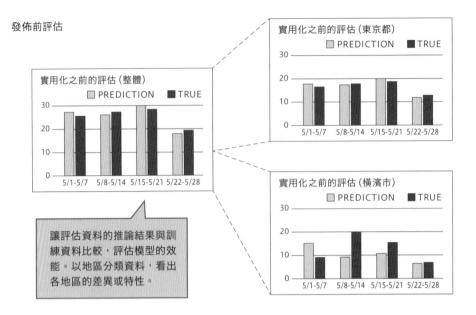

讓評估資料的推論結果與訓練資料比較，評估模型的效能。以地區分類資料，看出各地區的差異或特性。

發佈後評估

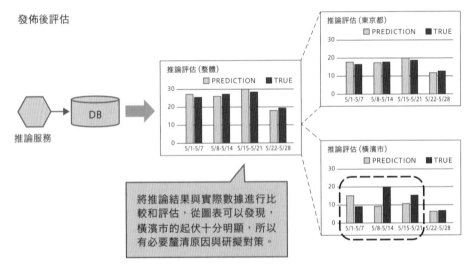

將推論結果與實際數據進行比較和評估，從圖表可以發現，橫濱市的起伏十分明顯，所以有必要釐清原因與研擬對策。

圖 1.8 發佈前評估（實用化之前的評估）與發佈後評估（推論評估）

- **Streamlit**

  URL https://streamlit.io/

- **Plotly Dash**

  URL https://plotly.com/dash/

本書的方針使盡可能使用免費的 OSS 工具建置系統，所以在介紹評估儀表板設計模式時，會介紹以 Streamlit 建置儀表板的例子。

● 建置

建置的部分將於**第 2 章**說明。

● 優點

- 就算推論結果的量非常多，也能以簡潔的方式顯示，讓使用者一眼讀懂推論結果。
- 可在網頁或是其他的介面顯示推論結果與實際數據，讓整個團隊達成共識。

● 檢討事項

評估儀表板設計模式是幫助機器學習團隊或是決策者根據畫面上的結果進行分析與做出決策的工具。換句話說，如果機器學習團隊或是決策者無法理解於儀表板顯示的結果，評估儀表板設計模式就毫無價值可言。最常發生的反面模式就是只在某段時間使用儀表板，而且不看儀表板上的資料就直接做出決策。如果本來就是不需要儀表板的業務，會將儀表板束之高閣也是無可奈何的事，但有時候明明知道儀表板的效果，卻會因為「太忙」或是「不好用」這些理由而不使用儀表板，此時就必須提高儀表板的方便性。在儀表板建置完成後，經常使用儀表板，根據儀表板上的結果研擬商業方針可說是最理想的狀態。此外，為了讓自己根據儀表板上的結果做出決策，可讓儀表板成為例行業務之一，直接於各項任務使用。最重要的是，要在公司內部或是團隊內部證明儀表板的實用性，讓大家認同儀表板的價值。為此，需要先釐清使用者課題，分析現行機器學習進行推論之際的課題，再透過儀表板共享課題。

🎲 1.5.2　錯誤推論支援模式

針對實際情況進行推論時，往往會出現誤差，而這些誤差的影響不一定每次都一樣。比方說，回歸模型通常會用來評估均方誤差或是均方根誤差這類偏離訓練資料的量。可是在各種應用機器學習的場景之中，推論結果有可能會往大於或小於訓練資料的偏離，這也會導致商業價值產生變動。以工廠為例，大部分的工廠容許一定程度的庫存，但庫存不足往往與產線停止運作有關，所以高估需求是可以容忍的錯誤，但低估需求卻不可容忍。分類問題其實也有相同的情況，以多元分類為例，即使將貓分類為狗或是將貓分類為人類的正確率相同，但是就實際應用層面而言，卻完全是兩碼子事。此外，醫療影像分類也有類似的情況。比方說，將異常症狀視為正常以及將正常症狀視為異常，具有完全不同的意義。換言之，在不同的機器學習應用場景之中，錯誤的推論結果會造成完全不同的影響，而這種根據錯誤的推論結果，在系統或業務採取理想的解決方案的手法就稱為推論偏差修正模式。

● 使用情況

- 利用回歸模型進行推論，但是商業價值卻在推論結果高於或低於實際數據而有所不同時，可使用這種模式。

- 利用二元分類進行分類時，重要的評估指標偏向精確率（Presision）或召回率（Recall）某一方的時候，可使用這種模式。

- 在利用分類模型分類時，各類別的正確率與錯誤造成不同商業影響時，可使用這種模式。

● 想解決的課題

在不同的系統與業務之中，必須根據機器學習的推論結果以及與實際數據的偏離程度，採取不同的對策。

以需求預測這類回歸問題為例，當飲料的需求預測模型得出高於實際需求的推論結果時，就有可能因為供給過剩導致庫存佔滿倉庫，如果高於需求太多，有可能無法再將飲料放進倉庫，而且當飲料放到過期就得報廢。反之，如果預測的需求小於實際需求，就會出現供不應求的問題，平平損失賣出飲料的機會。如果一直損失這種機會，就會被顧客貼上「備貨不齊」的標籤，顧客也不願意再上門光顧（ 圖 1.9 ）。在這類課題之中，需求預測的結果不可能百分之百正確，但是，預測的需求稍微高於實際需求的話，可以避免損失機會，也不會導致庫存過剩，相對來說，是風險較低的情況（當然，預沒的需求稍微小於實際需求，也有可能是風險較低的情況）。

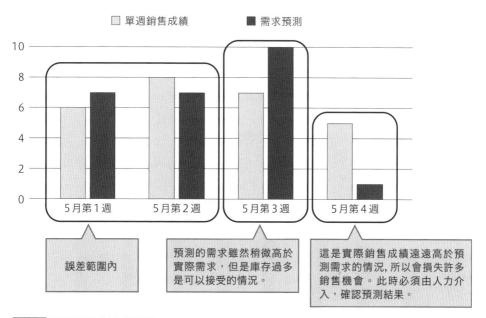

圖 1.9 瓶裝果汁的需求預測

至於分類問題則可利用違規內容偵測處理說明。以開放動物照片上傳的服務為例，這類服務通常會將動物之外的照片視為違規貼文，所以不小心將貓咪的照片分類成狗狗的照片，不會有什麼問題，但是將貓咪的照片分類成人類照片，就等於將合格的貼文（貓咪的照片）當成違規的貼文（人類的照片）。前者算是服務本身的分類錯誤，會對搜尋結果造成影響，但是後者的錯誤有可能讓使用者上傳的貓咪照片無法公開分享，導致使用者不悅，所以在使用這類違規內容偵測處理時，往往需要設定臨界值，或是建立以人力確認分類結果的人為監督（human in the loop）環節。

● 架構

推論偏差修正模式的建置方式可分成兩種，一種是自動化方式，另一種是一部分由人力進行判斷的方式。

● 自動化方式

要自動修正非對稱推論錯誤的影響，必須先掌握推論的偏差傾向。以回歸模型為例，如果知道推論結果的誤差出現小於實際數據的傾向，可利用稍微放大推論結果的方案減少誤差。就算不是對所有資料都得出較小（或較大）的推論結果，也有可能在特定的項目（例如地區、商品種類、使用者類型、期間）得出較小的推論結果。開發者可針對這類資料建立放大推論結果的機制。要想了解推論的偏差傾向可使用前述的「評估儀表板設計模式」（ 圖 1.10 ）。

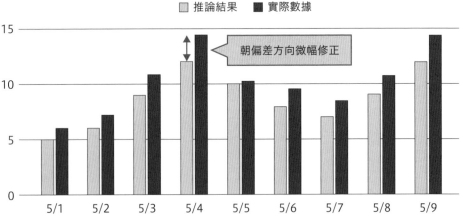

圖 1.10 推論結果與實際數據

如果選擇以自動化方式建置推論偏差修正模式，就必須利用特定的模型以及資料掌握推論偏差的傾向。這些錯誤的傾向可利用評估儀表板記錄、可視化，以及找出可修正的目標資料。觀察評估資料有通能找到多種偏差模式。不過，若要修正所有的偏差，修正偏差的規則就會變得很複雜，也很有可能會出現問題，所以最好只修正偏差明顯的少數資料。

● 一部分由人力進行判斷的方式

一如自動化方式所說明的,我們不可能修正所有的誤差,也無法事先得知推論結果與實際數據的誤差(如果能夠知道,就能得到百分之百正確的推論結果)。發現錯誤的推論結果時,是要得過且過,導致服務品質下降,還是要以人力的方式修正呢?如果要以人力的方式修正,就絕對不能讓人力修正所有的推論結果,因為這麼一來,就等於由人類進行預測,也就不需要利用機器學習打造自動化推測流程。換言之,這就是先找出該由人力修正的資料,再於特定狀態由人力進行修正的工作流程。

● 建置

建置的部分將於**第 2 章**說明。

● 優點

- 可分析偏差造成的影響。
- 可稍微減少推論偏差造成的風險。

● 檢討事項

推論偏差修正模式充其量只能減輕推論偏差造成的風險,無法完全修正偏差。假設要處理的商業課題會出現明顯的偏差,就可利用推論偏差修正模式修正。換句話說,如果偏差不那麼重要,就不需要採用推論偏差修正模式,以免打造多餘的系統,徒增系統的複雜性。重點在於為了回避絕對該回避的推論偏差,可在偏差傾向明確以及知道該如何回避這類偏差時,使用推論偏差修正模式。

1.6 團隊編制的模式

> 要開發或維護的系統會隨著團隊編制的不同而改變,成員人數、技能組合、經驗或是團隊成員的 Role & Responsibility(角色與責任),都會決定這個團隊所能開發的軟體。本節要為大家介紹開發機器學習系統的團隊編制。

在本章的最後要介紹 MLOps 的團隊編制。這幾年來,筆者都從事讓 MLOps 與機器學習付諸實用以及開發機器學習系統的工作,也在大大小小、各式各樣的職場參與機器學習專案。雖然每個專案的課題都不同,但是團隊編制或是團隊成員的技能組合往往是問題所在。最常見的問題就是不知道需要哪些技能組合才能讓機器學習付諸實用,所以無法組成需要的團隊。如果找到 Kaggle 的參賽者,應該就能找到有能力開發機器學習模型的工程師,但是,要讓機器學習付諸實用,不能只有開發機器學習模型這項技術。如果瀏覽 GitHub,就能找到可於機器學習使用的函式庫以及提交該函式庫的提交者,但是機器學習專案通常會用到多種函式庫(不只是機器學習的函式庫),所以必須設計組合函式庫的方法以及機器學習的架構。要想使用機器學習,就必須設定機器學習特有的條件,可信的評估方式、挑選需要的函式庫、演算法以及相關的技術。如果決策者(不一定是工程師)不夠了解產品、相關要件、機器學習現況以及相關用語,就無法與機器學習工程師溝通。機器學習工程師與軟體工程師之間也常有這類溝通問題,所以事先了解彼此的技能組合、用語與價值觀,才能以團隊的方式,快速推動相關的開發流程。

市面上有許多說明機器學習或是資料科學的書籍,其中也有適合非工程師的讀者或是一般上班族閱讀的內容。閱讀這類書籍應該能稍微了解機器學習或是資料科學的機制或是用途,可惜的是,很少書籍或是論文說明讓機器學習付諸實用所需的團隊編制與技能組合。筆者將在本節根據自身的經驗以及團隊的規模,說明讓機器學習付諸實用所需的團隊編制模式,以及各種團隊編制的課題。

1.6.1　先鋒模式

不管是什麼企業都會遇到需要進行初次挑戰的情況。在這幾年（二〇一〇年代後半到二〇二〇年代）初次導入機器學習的企業非常多之外，在此之前（二〇一〇年前後）初次導入雲端技術的企業也非常多。這些企業在採用這類初期發展的技術時，往往是抱著實驗的心態，而這些技術也通常難以符合企業的現況或是組織文化所需。即使如此，為了讓企業得以在未來獲利與成長，有時候就是必須挑戰新的技術。在進行這類挑戰時，很難一開始就找到經驗豐富的團隊成員。此時讓企業得以踏上挑戰成功之路的團隊就是先鋒模式的團隊。

● 情景

- 企業首次導入機器學習的時候。
- 在公司內部沒有機器學習工程師，錄用機器學習工程師的時候。

● 想解決的課題

要在公司內部採用機器學習這類無前例可循的技術，就必須實施 Proof of Concept（PoC），證明機器學習的可行性與實用性，企業通常無法在此時判斷是否該投資機器學習，一來第一個機器學習專案通常不會太順利，二來，要找齊實施 PoC 的團隊成員也很困難，有時候 PoC 的團隊成員會只有一人。第一步可先選擇證明機器學習實用性的專案。每間企業選擇專案的條件都不同，但是通常包含下列這些條件。

1. 公司已經累積了許多似乎能於機器學習使用的資料。
2. 企業經營團隊或是高層已經了解機器學習的效果。
3. 只需 1 ～ 2 人就能在幾週～幾個月之內，以極低的成本完成專案。

換言之，必須準備資料，選擇較不複雜的專案證明機器學習的效果。為了達成這個目的，必須組成資料集團隊或是後台團隊，學習收集資料以及設計系統的方式，以及製作相關的資料，讓整個團隊、企業經營團隊或高層了解要解決的課題與解決方案，並且在人數較少、成本較低的情況下推動專案。要推動第一個機器學習專案，需要機器學習之外的經驗與能力。

在這種狀況下，設計系統與撰寫程式，一步步開發機器學習模型，以及讓機器學習模型得以付諸實用。先鋒模式可在人數與預算都不足的情況下，由一個人推動機器學習的實用化以及負責相關的企劃與維護。此外，與相關人士達成共識，也是讓機器學習模型得以順利發佈的重要關鍵。在開發機器學習模型時，定期召集相關人士，讓他們了解開發進度或是透過演示讓他們了解機器學習模型，也是不錯的選擇。有些人非常歡迎新技術，有些人則對新技術存疑，所以不一定每個人都會接受「想將這個機器學習模型植入產品」這個建議，當然也有人會喜歡這種挑戰，願意提供具有建設性的建議，不過，很少人會在聽到要採用新技術的時候，直接了當地說「太棒了，快點採用吧！」

機器學習模型開發完成之後的步驟會隨著專案的內容或是企業的需求而改變。一般來說，在機器學習模型完成之後，就會進行發佈與評估的步驟，也就是將這個模型植入軟體，實際讓這個模型運作幾天或幾週，評估這個模型的效果。如果無法將機器學習植入正式系統，就只能根據歷程資料或是現有的資料進行推論。評估完畢之後，必須將評估結果交給公司高層，證明機器學習的價值，以及取得公司高層的同意，才能正式採用機器學習。取得公司高層的同意之後，就得增加團隊成員，讓團隊的編制臻於完善。如果無法取得公司高層的同意，就只能另外推動機器學習的 PoC 專案，或是調到其他的部門，參與其他的專案（或是跳槽）。

● 團隊成員編制（ 圖 1.11 ）

1. 機器學習工程師：1 ～ 2 人

- 需要的技能組合：開發機器學習模型的技能、將機器學習植入軟體的技能、找出需要透過機器學習解決的課題的能力、說服不同立場的能力、從不同的團隊取得資訊或資料，讓這些團隊予以協助的能力。

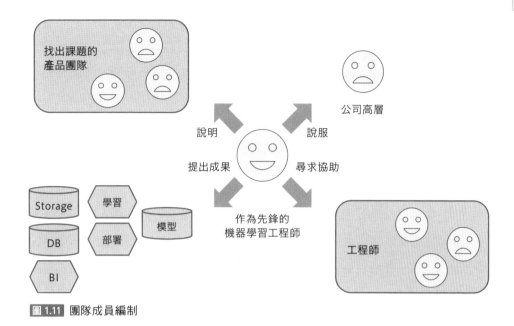

圖 1.11 團隊成員編制

開發環境與開發風格

若是採用先鋒模式，成員可自行決定開發環境與開發風格。這個階段的重點在於透過 PoC 證明機器學習的效果，而不是在選擇開發環境或是開發風格的部分浪費時間與精力。此時至少要透過儲存庫管理讓機器學習付諸實現的程式，以便後續可自行解讀程式內容或是修正程式。

優點

- 可利用不多的成本驗證機器學習的效果。

- 能以小規模的團隊初次嘗試挑戰。

檢討事項

PoC 不一定都會很順利，有時候會因為選擇的課題不對，導致幾個月都做不出任何成果，公司也不一定具備那些解決課題所需的資料。此時就得修正收集資料的軟體，或是開發資料管線。大部分的企業在首次挑戰機器學習專案時，不太可能已經建置了適當的開發環境，或是準備了相關的工具與資料，有時候甚至沒有 GPU 伺服器這類高性能的伺服器，使用雲端 GPU 伺服器的預算也不夠，此時就必須考慮是否自行準備需要的工具，或是選擇不需要這些工具的技術再開發機器學習的模型。要找齊必要的工具、伺服器、預算與團隊成員，就必須先證明機器學習能夠改善企業的現況，得到公司高層的認同。這種以開路先鋒的態度克服各種機器學習難關的模式就是先鋒模式。

🔷 1.6.2　小團隊模式

假設在先鋒模式之下，成功證明了機器學習的效果，公司高層也同意採用機器學習這項技術，此時就得先建置機器學習團隊。雖然可以繼續由先鋒模式的幾位成員負責專案，但成員人數太少，能做的事情就很有限，難以推動大型專案，也無法騰出時間採用或開發新技術，所以為了讓機器學習能夠付諸實用，就必須建置機器學習團隊，找齊所需的團隊成員。如果公司內部已經有人開發過機器學習模型，可試著詢問對方是否願意調部門，如果公司內部沒有這類人材，就得花時間徵才。這種以幾位成員推動機器學習專案，擴大團隊與專案價值的模式就是小團隊模式。

● 情景

- 準備讓機器學習付諸實用的階段。

- 機器學習團隊的成員只有幾位（十名以下）的情況。

- 團隊成員的人數雖然不足，卻已經知道哪些課題可利用機器學習解決的情況。

● 想解決的課題

此時是幾名成員組成機器學習團隊，正式推動機器學習專案的階段，團隊成員應該是鬥志滿滿，準備挑戰公司的各種課題才對。由於團隊成員的人數不多，所以溝通成本也比較低，也能迅速做出決策，開始推動各種工作，所以是能開心進行開發的時期。在這個時期締造的成果將是機器學習專案是否得以增加、擴大規模、機器學習團隊是否得以擴張的關鍵，所以通常會選擇解決影響層面較廣的重要課題，力求締造成果，此時也是能勇於挑戰各種課題與樂在其中的階段。

要以人數不多的團隊完美解決所有工作非常困難，所以此時要盡可能挑出由團隊成員自行解決的重要工作，其餘的工作則透過自動化的方式完成。程式或是資料的品質若是不佳，就會遇到一些需要稍微妥協的部分。總之，重點在於利用有限的資源（人力、成本、期間、資訊）創造最大的成果（證明機器學習比傳統方式更為有效）。不過，這時候會需要打造一些機制。此時已不像先鋒模式那樣，可以自由地進行開發，而為了讓成員能夠開心、有效率地進行開發，就必須一步步建立選擇開發環境或技術的規則或機制。

● 團隊成員編制（ 圖 1.12 ）

1. 機器學習工程師：3 ～ 5 人

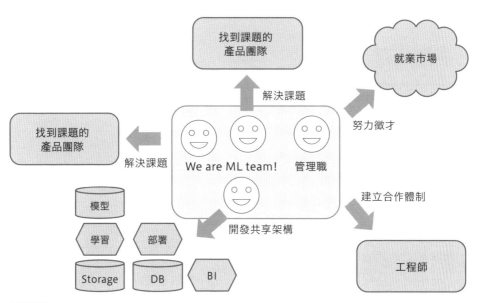

圖 1.12 團隊成員編制

● 開發環境與開發風格

當團隊只有幾名機器學習工程師，此時的重點在於建立彼此分析、撰寫程式、合力評估模型的體制。或許每位工程師可自行負責一個專案，但是在技術的分類越來越細膩的軟體工程世界（包含機器學習）之中，其他工程師的知識往往有助於解決課題，分享專案的狀況也能排除重複的作業。若是工程師能夠幫忙彼此負責寫程式的小規模團隊，團隊之中的成員通常能夠頻繁地交流技術，所以小團隊的優勢就是能夠專心解決技術問題以及提升工程師能力。

進行開發時，工作管理與程式管理是非常重要的一環。隨時更新專案或是開發的進度，就能檢視資料分析的結果與程式，還能提高分析結果與程式的品質。為了更穩定地進行開發，必須管理開發環境，還得將管理開發環境的方法以及執行程式的方法寫成文件。以小團隊模式進行開發時，通常需要與自己以外的工程師分工合作，所以使用的程式設計語言、函式庫的版本、執行軟體的作業系統都必須統一，才能打造理想的團隊開發環境。這意思當然不是得在先鋒模式的階段就打造理想的開發環境，但是，在進入小團隊模式之後，就必須建置理想的環境環境。

● 優點

- 小團隊模式比先鋒模式更適合讓成員彼此分析與檢視程式。
- 團隊成員隨時可交流技術與相關的知識。
- 團隊成員可隨時向整個團隊反映意見。

● 檢討事項

小團隊的工程師彼此容易展現彼此的個性，也比較容易了解彼此以及分工合作，但也很容易批評別人。如果有拒絕分工合作的團隊成員，團隊就有可能會瓦解。由於小團隊的成員人數還不多，所以恐怕沒辦法撥太多時間進行人力管理，而且一旦有團隊惹出麻煩，也沒有足夠的人力解決麻煩。就算出現了不合群的團隊成員，也盡可能不要排擠該名成員，如果情況遲遲未能得到改善，可能需要聘請管理工作或是協調溝通的導師或是經理，如果還是不行，有可能就得請該名成員離開團隊。

為了讓團隊具備需要的技術或是專業，就必須聘請適當的成員。基礎的技能組合（統計學相關知識、利用 Python 撰寫程式的技能、SQL、機器學習的基礎知識與經驗）都是必備的技能之外，確定每位工程師較為擅長的領域，比方說，表單資料分析、影像處理、自然語言處理、時序資料處理這些領域之後，就能快速分配工作以及分享知識。很少團隊能夠在一開始就具備所有需要的技能與經驗，所以得在推動專案之際，慢慢學會缺乏的技能，為此，必須聘請具有學習意願的成員。

1.6.3　混合團隊模式

當資料分析或是機器學習的處理開始在公司內部派上用場，公司上下也認同這類處理的貨值之後，有可能會繼續增加採用機器學習的系統，此時就必須學會開發與維護機器學習之外的軟體。為了讓機器學習成為解決公司課題的常用工具之一，通常會建立機器學習工程師與軟體工程師分工合作的共同團隊。以混合團隊模式建置團隊意味著公司進入機器學習工程師與軟體工程師密切合作，讓機器學習付諸實用，以及在內部一步步建置機器學習基礎架構的階段。

情景

- 將機器學習植入各種軟體。
- 利用機器學習與軟體開發的方式讓技術專業分化。

● 要解決的課題

要讓機器學習付諸實用就得建置驅動機器學習推論器的軟體架構。軟體架構的種類非常多，所以有時得將推論器植入現在的系統，有時得先建置通用的機器學習推論架構，再與其他系統連線。該採用何種開發方式端看系統架構或是商業模式。

有時會讓團隊在通用架構開發機器學習模型，以追求開發效率。這類通用架構一般統稱為機器學習架構，而要利用這種通用架構開發機器學習模型，就必須先開發與維護這種通用架構。當成員越來越多，開發規模越來越大，讓某些功能通用化，與打造通用架構就變成非常重要的一環。

維護機器學習架構所需的技能組合比機器學習所需的技能組合還要多元，比方說，需要具備資料管線、基礎架構、網頁應用程式這類技能，這是因為機器學習架構的目的在於驅動機器學習（取得資料、前置處理、學習、推論），以及管理機器學習的資源（評估管理、模型管理、基礎架構管理），所以這類技能是為了機器學習而存在，而不是機器學習本身，為此，要開發與維護機器學習架構，就必須聘請軟體工程師，請軟體工程師開發讓機器學習得以運作的軟體。

● 團隊成員編制（圖 1.13）

1. 機器學習工程師：1～3 人
2. 軟體工程師（專業技能分類範例如下）：3～5 人
   1. 後台工程師
   2. 前台工程師（Web 前端工程師、Android 工程師、iOS 工程師）
   3. 資料工程師
   4. 基礎架構工程師
   5. SRE
   6. QA 工程師
3. 工程管理師：1 人
4. 產品負責人：1 人

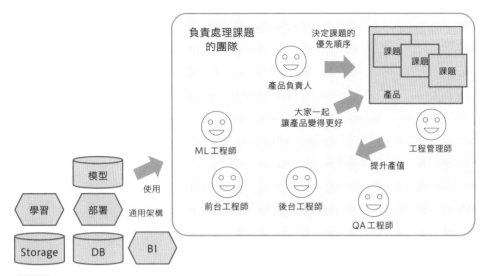

圖 1.13 團隊成員編制

● 開發環境與開發風格

混合團隊模式的團隊成員除了機器學習工程師，還包含具有不同專業技能的軟體工程師。這些成員都擁有開發與維護系統所需的專業技術。這種團隊會遇到的問題在於使用同一套方法或機制開發軟體。

各工程師所需的開發環境往往不太一樣，比方說，後台工程師需要建置、測試、執行程式的開發環境，前台工程師需要啟動程式，確認畫面與執行過程的開發環境，基礎架構工程師或是 SRE 需要建置基礎架構的環境、驗證 CI ／ CD 的環境或是基礎架構即程式碼的架構（Infrastructure as Code）。而且這些工程師使用的開發程式語言也很有可能不一樣。機器學習工程師所使用的程式語言通常是 Python 或是 R，後台工程師也有可能會使用 Python，但還會使用 Java、Golang、C# 或是 PHP，前台工程師則會使用 JavaScript 開發網頁應用程式，或是利用 Kotlin 開發 Android 的前台，如果是 iOS 系統則會使用 Swift 開發，需要的開發環境也都不一樣。以開發 Android 或是 iOS 為例，就需要 Android Studio 或是 Xcode 這類開發環境。工程師當然可以利用熟悉的開發環境進行開發，但就必須事先訂好撰寫程式的規範或是挑選通用的程式執行環境。此外，如果是在不同的環境開發與測試彼此連動的程式

（例如 Android 的程式與後台 API），有可能會因為規格不同導致系統無法正常運作。只要溝通順暢，以及進行 E2E 測試就能避免這類問題發生。總而言之，需要分別建置通用開發環境以及各工程師所需的開發環境。

在讓擁有不同專業的工程師各自開發程式，再組合這些程式的時候，通常會需要不同的架構或是開發手法。以「Monorepo」這種架構為例，就是在同一個儲存庫管理所有程式的架構。由於程式的測試與發佈都在同一個儲存庫進行，所以不會因為其他儲存庫的狀況導致測試失敗或是發佈失敗，也可以使用 Bazel 統整程式的建置與執行。若是團隊成員擁有不同的技能，以不同技能開發的程式有可能會全部混在同一個儲存庫之中。雖然 Monorepo 這種架構不是萬靈丹，但至少可以降低被其他儲存庫干擾的風險。

要讓擁有不同技能的成員完美地分工合作，可試著以責任範圍建置不同的團隊，也就是說，不是以產品的功能分類，而是以「使用者管理」「上傳內容」這類目的建置不同的團隊。大部分以軟體解決的課題都是特定責任範圍的課題。以「上傳內容」的課題為例，就分成技術性課題與責任範圍課題，而技術性課題包含儲存內容的儲存技術、資料結構、加密方式這類課題，責任範圍課題則包含可接受哪些內容，以及將哪些內容視為違規的內容，或是處理這類違規內容的方法。根據責任範圍建立不同的團隊，可讓團隊成員累積專業知識，以及讓擁有不同專業技術的成員一起解決同一個課題。

● 優點

- 可聘請擁有不同專業技術的成員。

- 不需要所有人都是經驗豐富的成員，而且可從其他成員學習開發方鄉。

- 每位成員在開發過程之中，只需發揮各自的專長。

● 檢討事項

混合團隊模式的課題在於組織規模變大，溝通成本變高。除非新創公司一開始就是混合團隊（團隊成員沒有多到能夠分成不同團隊），否則成員越來越多，團隊也越來越多之後，就有可能不知道這些團隊開發與維護的是哪些產品。即使不知道其他團隊的狀況，也能建立良好體制是理想的（這種團隊或是系統又稱為 Cell-based architecture），但現實中要完美劃定責任範疇可能會很困難。要解決這個問題，就必須先讓所有團隊一起設定目標，然後定期開會，分享手上的資訊，也要讓各個團隊之間的溝通管道暢通無阻。比方說，定期在成員之間舉辦一對一會議，或是透過一些活動讓不同的團隊有機會交流。此外，還可以利用 Slack 這類溝通工具或是文件管理系統，讓不同的團隊能夠自由進出各團隊的頻道或是資料夾，自由地取用彼此的資訊。

當組織的規模越來越大，架構越來越複雜，各責任範圍需要不同的專業知識時，混合團隊模式是非常理想的架構，但這種架構的問題在於難以快速分享知識。混合團隊的機器學習工程師通常分屬於不同的團隊，所以機器學習工程師之間很少有機會分享資訊與是交流，如此一來就會發生公司的某位工程師知道該怎麼解決問題，卻沒機會讓這位工程師解決問題的狀況（專業性極強的工程師通常都很忙），其他的工程師也無法學到這位工程師的專業知識。若要採用或是驗證開發到一半的技術，不妨試著另外建立一個團隊（先鋒團隊模式）。

1.7 小結

本章初步介紹了讓機器學習付諸實用時,可能會遇到的課題,以及解決課題所需的工作流程與系統,同時還說明了 BI 儀表板模式、錯誤推論支援模式以及團隊編制模式,尤其在建置團隊時,更是需要依照當時的需求決定團隊的架構,也必須考慮採用或是培育哪些人材,這些都是相當困難的課題。

本書將於**第 2 章**、**第 3 章**、**第 4 章**根據具體的商業場合,說明如何利用機器學習建立工作流程與系統,藉此解決商業課題的方法。每一章都會先分析課題與比較解決方案,也會透過程式說明如何建立與驅動解決課題的機器學習系統。

建立需求預測系統

第 2 章要利用機器學習建置需求預測系統,還要試著維護這套系統。所謂的需求預測就是根據現有的商品或服務預測銷路或來客數。需求預測系統可於各種商業課題應用。比方說,超商、超市、E-commerce 若能事先知道需求,就能知道該進多少商品,也能事先規劃人力配置,避免進了過多的商品或是避開庫存與人力不足的問題。一旦庫存足夠,除了能避免供不應求的問題,還能擴大銷路。以遊樂園或是電影院這類來客型的商業模式為例,可透過需求預測系統調整預售票的數量,或是控制來客數,藉此維護服務品質,如果是美容院或是服務窗口這類直接接觸顧客的服務,則可透過需求預測系統調整美容師與服務人員的人數,或是安排美容師與服務人員的排班情況。由此可知,許多商業模式都需要需求預測系統,若能有效應用這套系統,就能提升效率與服務品質。

本章要利用某間零售店的飲料銷售資料建立需求預測系統。首先先定義零售店的課題,再分析資料以及開發模型,接著建置學習與評估的系統,之後還會建立 BI 儀表板,記錄、比較預測結果與實際數據的差異,藉此找出需求預測模型的課題以及有待改善之處。模型開發完成並非機器學習系統的終點,之後還需要讓機器學習實用化,以及根據實際資料改善模型與系統,本章也會說明這部分的工作流程。

2.1 需求預測的目的

本章會替虛擬的零售店開發一套需求預測系統。預設場景為這間零售店首次採用機器學習，以及希望能以幾名成員開發最低需求的功能。

這套需求預測系統會預測 AI 商店這間虛擬零售店的飲料銷售數量。AI 商店的零售店面總共有 10 間，分佈於日本各地區（東北、關東、東海關西），飲料多達 10 種，而且有各自的售價。此外，不管是哪間門市，飲料的售價都相同（表 2.1、表 2.2）。

表 2.1 地區名稱與門市名稱

地區名稱	門市名稱
東北	盛岡店
東北	仙台店
關東	千葉店
關東	上野店
關東	銀座店
關東	新宿店
關東	橫濱店
東海關西	名古屋店
東海關西	大阪店
東海關西	神戶店

表 2.2 飲料與售價

飲料	價格（日圓）
果汁	150
蘋果汁	120
柳橙汁	120
運動飲料	130
咖啡	200
牛奶	130
礦泉水	100
碳酸水	120
豆漿	120
啤酒	200

一直以來，AI 商店都是根據各門市各種飲料的銷路決定進貨量（ 圖 2.1 ）。特定週的飲料銷路會於下一週的星期一統計。從採購飲料到飲料運送至各門市的交貨時間為五天。換句話說，商店在星期一確認進貨量，以及向各飲料製造商下訂單，飲料會在五天之後的星期六送達，將飲料搬入倉庫以及上架需要 1 小時左右。這次就是要在上述的條件之下，預測各門市所需的進貨量，再向各飲料製造商下訂單。

需求預測系統的目的在於讓各門市的進貨量趨近最大銷售量。基本上，各門市的庫存量會比一週的銷售數量稍微多一點，因為庫存不足會損失賣出飲料的機會，實際銷售數量就會低於需求，也就無法正確得知本來可以賣出多少飲料，而將這種低於需求的銷售數量的資料當成機器學習系統的學習資料使用時，機器學習系統就會輸出比實際需求更低的結果。反之，庫存量若是高於銷售數量，就能避免損失售出商品的機會，也就能得到正確的銷售數量。進太多貨當然會遇到飲料過期或是報廢的問題，換句話說，如果為了避免輸出比實際需求更低的結果而輸出比實際需求高出許多的預測結果，可避免損失售出商品的機會，但賣不出去的商品也會造成經營上的損失，所以要盡可能讓庫存量只比銷售數量多一點點。

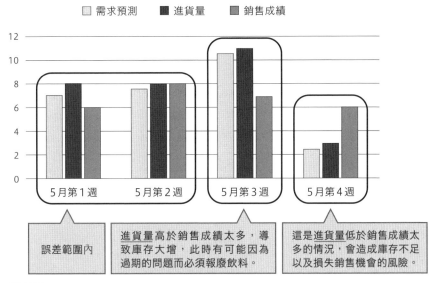

圖 2.1 果汁的需求預測、進貨量與銷售成績

要利用需求預測系統讓進貨量趨近實際銷售數量，必須先預測各門市的飲料需求再下訂單，然後透過實際的銷售成績提高預測的精確度。

本章的目的並非使用機器學習，而是透過 AI 商店的需求預測驗證機器學習有效這件事，並在確認有效之後採用機器學習。如果有其他的方法能夠更便宜、更精準地預測需求，以及縮短進貨時間，就不需要使用機器學習預測需求。比方說，門市的店長或是店員能夠根據直覺或是經驗正確預測下週的進貨量，就只需要讓店長或是店員決定進貨量。雖然大部分的人都認為，應該避免這種由某個人完成某項特定工作的情況，但請大家記得，經營的目標不在於應用機器學習，而是提升業務的效率。

2.2 機器學習團隊與軟體開發團隊的編制範例

這次決定在推動 AI 商店第一個機器學習專案的時候,建立產品開發團隊。本節要思考這個產品開發團隊需要哪些工程師。

聘請了機器學習工程師的產品開發團隊的工作是開發需求預測的機器學習模型,將機器學習模型植入正式系統,再將預測結果發送給各門市。至於可開發或維護規模多大的系統,取決於團隊成員的技能組合、編制以及公司的規模。這次要檢討的是,1 名機器學習工程師與 1 名後台工程師所能開發的系統。讓我們在開發系統之前,先試著思考要開發或是維護的系統會因團隊的編制而產生哪些變化。

需求預測系統開發團隊的編制會影響最終的系統樣貌,而且隨著團隊的成長,團隊編制也會跟著改變。以二〇二二年而言,機器學習於商場應用的時日尚淺,大部分的工程師都還未累積足夠的機器學習系統開發與應用的實戰經驗,公司內部也可能缺乏了解機器學習的人材,也不太懂得該如何應用機器學習,所以很少人知道該如何應用機器學習才適當,或是該怎麼建置系統才能讓系統穩定地產出價值。要在這種情況下採用機器學習,人力的配置以及團隊目標就極為有限。

讓我們試著模擬公司內部的機器學習經驗值與團體編制。

2.2.1 公司首次組成機器學習專案團隊的情況

於公司內部開發機器學習的時候,團隊人數通常不會太多,而且公司內部可能沒有了解機器學習或是資料科學的人材,所以通常都是軟體工程師一邊學習,一邊開發機器學習,同時還會招募機器學習工程師。採用優秀的機器學習工程師不在本書介紹的範圍之內,故予以省略。本書主要是以採用了一名機器學習工程師,開發需求預測模型的情況為前提。

初期的團隊編制通常如下。

- 機器學習工程師：1 名
- 軟體工程師：0.5 ～ 1 名的工作量

大部分的小公司不太可能讓軟體工程師全力參與單一的專案，尤其在剛開始開發機器學習的時候，往往無法預測需要多少時間才能開發完成，也不知道成果如何，所以公司高層通常不太願意讓軟體工程師全力投入機器學習的開發。機器學習除了開發機器學習模型之外，還得在軟體工程師的建議之下，完成開發機器學習之外的業務。機器學習之外的業務有下列這些項目。

- 收集公司內部的資料
- 建立儲存程式所需的儲存庫以及管理儲存庫
- 設定執行機器學習所需的伺服器環境
- 管理接收需求預測結果的各門市的工作行程，以及調整工作流程
- 向公司高層報告結果

有時候還得負責上述業務之外的業務，比方說，公司內部的資料架構若是不一致，就得另外開發收集資料的系統，也有可能因為某些理由（例如網路太慢，公司內部的安全性設定過於嚴格、預算不足）導致雲端的伺服器無法使用，此時就有可能得在本地終端裝置開發與維護機器學習模型。此外，還得讓各門市與公司高層這些對於機器學習或者工程學是門外漢的人了解什麼是機器學習。有些工程師會覺得這些問題很棘手，有些工程師卻很喜歡挑戰這些問題。雖然 0 → 1 階段的機器學習專案得開發機器學習，還得解決各種問題，卻也是最佳的成長機會。

回到系統開發。可開發的機器學習系統往往只符合最低需求的規模與架構。此時還未證明機器學習的實用性，所以專案團隊必須盡快證明「機器學習是否有

效」，如果有效的話，這個專案才得以繼續推動，否則就得停止推動，讓團隊成員參與更有價值的專案。此時的團隊成員不多，所以必須以規模最小的機器學習系統證實機器學習的確能有效預測需求。以這種團隊開發的機器學習系統將於本章 **2.3 節**進一步說明。

🎲 2.2.2　已經締造成績的機器學習團隊

接著讓我們思考已經在機器學習專案拿出成果，且團隊人數具有一定規模的機器學習團隊。團隊編制有可能是下列的情況。

- 機器學習首席工程師：1 名
- 機器學習工程師：數名

除了上述的成員之外，有時還會追加專案管理經理或是產品經理。這種專為機器學習組成的團隊有時會讓團隊的工程師負責不同的專案，有時會讓好幾位工程師一起負責同一個重要的專案，分配工作的方式取決於公司的狀況。

以團隊的形式開發機器學習的優點在於能在選擇、評估模型、執行模型、除錯時，得到不同的建議或觀點，也比獨力開發的時候，更容易找到宛如盲點的錯誤，團隊成員也可以分享原本不知道的技術，還能透過評估模型、檢視程式碼的過程改善機器學習的模型與程式，排除屬人的因素，讓其他工程師得以打造一模一樣的模型。

不過，在剛開始以團隊的形式開發機器學習的時候，每位工程師的開發環境可能不盡相同，所以得讓機器學習在不同的環境下順利執行，或是打造相同的開發環境。以工程師的開發環境為例，有些工程師是在 Windows OS 的環境使用 Miniconda 開發，有些工程師則是在 MacOS 的環境底下使用 Python 3.9 搭配 Poetry 管理函式庫。要打造相同的開發環境，讓程式得以正常執行，就必須打造共用的程式執行環境，此時也必須採用能讓程式正常執行的開發架構。一般來說，會將 Docker 容器當成共用的程式執行環境，至於讓程式正常執行的部分則會使用單元測試或是 CI ／ CD、學習的正常性驗證、評估的有效性驗證。

🔷 2.2.3 矩陣式團隊的情況

有時會讓專案管理經理、前台工程師、後台工程師、基礎建設工程師、機器學習工程師的團隊專心開發特定專案。這種為了開發特定專案而找齊人材與技能組合的團隊稱為矩陣式團隊，常見於事業規模不斷擴大，專業越分越細的企業。以矩陣式團隊開發機器學習模型時，這類團隊的編制與專業技能通常都是不固定的，開發風格也會「隨著實際情況而改變」。

以上就是剛開始執行機器學習專案之際的團隊編制。一如前述，這次是於「公司首次組建機器學習專案團隊」的前提開發需求預測系統，所以組建了以機器學習解決需求預測課題的團隊。第一步要先決定團隊名稱。決定團隊名稱之後，團隊成員就會因此產生向心力以及責任感。就讓我們將這個 AI 商店的第一個機器學習專案團隊命名為「機器學習團隊」吧。

2.3 利用機器學習預測需求

AI 商店組建了機器學習團隊。這個機器學習團隊的第一個專案就是釐清現況、定義課題、不斷地開發與驗證模型，藉此成功預測需求。

在此先讓我們確認現況，AI 商店在全國有 10 間門市，每間門市都有 10 種飲料上架。飲料的銷售成績會於下週的星期一統計。向飲料製造商下訂單之後，大約 5 天會進貨。這次是為了讓各門市的飲料庫存量接近最大銷售數量，才開發需求預測模型與系統。

由於是第一次開發機器學習的模型與系統，所以要先確定模型的目的與開發方針。

🔷 2.3.1 課題設定

要預測需求必須考慮各種環境因素，比方說，季節、門市位置、社會的經濟動向、流行、活動、周邊居民的家庭結構、商品售價、競爭對手，換句話說，哪些商品會在何時、賣出多少都會受到各種變數影響，不過我們能取得上述這些資料嗎？如果可以，這些資料都是正確的嗎？我們無法使用無法取得的資料，也無法利用錯誤的資料建立有用的機器學習模型，所以一開始只能先使用能快速取得且正確的資料。

於機器學習使用的資料與利用機器學習解決的課題有關，而機器學習的任務在於根據現有的資料盡可能正確推論目標變數，換句話說，定義於機器學習使用的學習資料以及目標變數是機器學習專案的第一步。那麼學習資料又該是哪些資料呢？

在多數的情況下，需要符合下列條件：

- 與目標變數相關：不管準備了多少資料，只要與目標無關就派不上用場。說得更正確一定，就算是看起來有相關性的資料（比方說，資料 A 增加 1，資料 B 就增加 1 的情況），也有可能是缺乏可信度的假性相關（煙火與西瓜的業績同時成長，不代表煙火賣得好，西瓜就賣得好）。

- 可隨時取得：不管是多麼有用的資料，無法取得就沒有任何意義可言。如果是需要一年才能取得的資料，或是需要耗費數億日圓才能買到的資料，很難於商業場合使用。以目前能夠取得的資料推動專案才是上上之策。在推動機器學習的專案時，通常能夠累積一些有用的資料，而當資料增加至一定程度，就必須重新檢視取得資料的方法。

- 力求正確：一如「輸入的是垃圾，輸出的就是垃圾」（Garbage in garbage out）這句話，不正確的劣質資料無法輸出優質的預測結果。如果劣資的資料之中，摻雜了部分的正確資料，或許能得到部分正確的推論結果。此外，如果一直犯相同的錯誤，機器學習或許能在這種情況下進行學習，導出正確的推論結果（比方說，準備在所有的貓咪圖片貼上「狗狗標籤」，以及在所有的狗狗圖片貼上「貓咪標籤」的資料集，就只需要在學習貓咪與狗狗分類模型之後，調換推論結果，就能得到正確的推論結果）。不過，長期使用這種錯誤的資料很有可能在開發過程之中衍生其他的錯誤（例如不小心在貓咪圖片貼上「貓咪標籤」，所以還是要讓資料盡可能維持正確的狀態。

- 可於推論之際使用：就算是能在進行機器學習之際取得的資料，無法在推論之際取得的資料就無法於機器學習應用。以時序資料為例，假設取得的最新資料是一週之前的資料，那麼一週之內的資料再怎麼有用，也無法於機器學習或是推論使用。此外，地震、火災這類無法預測發生時間的災害的資料也無法於推論使用。如果發生大地震，民眾有可能會搶購糧食，飲料也有可能大賣，但我們無法預測接下來的一週會發生大地震，所以無法使用災難的資料進行預測（如果能事先預測地震或是火災，再預測需求，恐怕是讓全世界為之驚豔的預測手法了）。

以上就是於機器學習所需資料的主要條件。除了上述的條件之外，當然還有其他的條件，比方說，資料的格式就是其中一種。以影像分類為例，就需要圖片資料，以商品需求預測為例，就需要過去的業績數據。這些條件只需要根據課題的需求定義即可，不過，不管是哪種課題，資料都必須與目標變數「相關」，也必須「隨時可以取得」，還必須符合「正確性」「可於推論之際使用」這兩個條件。

那麼這次的飲料需求預測又需要哪些資料呢？一如 **2.1 節**所述，會需要地區、門市、商品名稱與價格這些資料。此外，也需要過去的銷售實績、年月日這類日期或是一週每一天的資料。大部分的門市都會記錄這類資料，但有可能還沒整理成數位資料，不過，只要找出帳簿，就能將紙本資料轉換成數位資料，而且若是以資料庫的方式存儲，之後還能夠重覆利用。由於這些都是能於公司內部收集的資料，所以可在準備推論之際取得最新的資料，也不需要耗費好幾個月才能取得。反之，周邊居民的家庭結構、流行、經濟動向這類資訊雖然與銷售實績有關，但很難取得，也無法確定是否正確，所以不太能當成學習資料使用。

總而言之，在推動本次的需求預測專案時，會利用下列的資料進行飲料需求預測：

- 地區
- 門市名稱
- 飲料名稱
- 價格
- 過去的銷售實績
- 年月日
- 一週的每一天

此外，AI 商店是每週進貨一次，所以會預測每週的需求。

2.3.2 資料

● 資料的狀況

前述的需求預測需要過去的銷售實績資料。這部分的資料為時序資料,所以要先思考取得資料的方法。

每間企業都不見得有所謂的資料架構或是資料倉儲。許多企業都會採用 PoS 系統或是 ERP,但就現況而言,資料架構完善的企業並不多。雖然手上有 PoS 系統的資料,但有可能只是儲存在資料庫的線上資料,也有可能只是將業績資料轉換成 CSV 檔案,再放在公司內部共用儲存空間保管而已,甚至有可能只是紙本資料,所以機器學習專案的第一步就是先知道必要的資料存在哪裡以及收集資料。

假設只有紙本資料,就必須請各門市先整理成 PDF 檔案,再透過電子郵件的方式傳送,讓機器學習工程師將這些資料轉換成 CSV 檔案(= 製作逐字稿)。此外,也可以利用 OCR 打造將實績資料新增至資料倉儲的系統(但需要花時間開發系統)。

假設資料已存入線上資料庫或是轉換成 CSV 檔案,就只需要從這類資料庫或是檔案收集資料。線上資料庫當然不是只為了機器學習而建立,也可以供其他的線上系統使用,所以應該盡可能避免執行負擔過重的 SQL Query,造成線上系統的負擔,當然也可以等到深夜這類閒置時段再取得資料,或是先取得資料庫的快照,之後再篩選資料。

如果公司已經建立了資料架構、資料倉儲或是收集資料的機制,那當然是再理想不過的事情,但如果還沒建立,就必須先證明這些機制的實用性,再開發這類機制。為了打造機器學習系統與進行需求預測而開發儲存資料所需的系統,也是不錯的選擇。

本專案以「只有 CSV 檔案」的情況為前提,所以得從 CSV 檔案取得資料,再將資料整理成正確的格式,然後利用整理完成的資料開發機器學習模型。接著再開發機器學習系統,以及替各門市進行需求預測,同時還會說明建立資料倉儲的方法以及利用 BI 工具建立機器學習開發與維護環境的流程。順帶一提,將紙本資料轉換成數位資料的過程不在本書說明的範圍之內。

● 資料

AI 商店的資料為 CSV 檔案。讓我們先釐清資料之間的關係。

10 間門市已先透過東北、關東、東海關西這三個地區分類,每個地區都有一間以上的門市。由於 10 間門市都有 10 種飲料上架,所以單日的銷售實績為 10 間門市 ×10 種飲料 =100 筆資料。所有門市的飲料價格都是一致的,過去也沒有調整過價格,所以 1 種飲料只有 1 種價格,不過,今後有可能會調整售價,因此以單一商品會有兩種價格為前提會比較妥善。整理上述這些資料的關係之後,可得到 圖 2.2 這種 ER 圖。

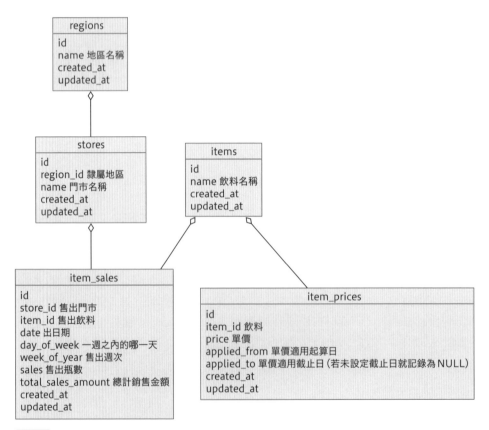

圖 2.2 飲料銷售資料的 ER 圖

假設資料是從 2017 年 1 月 1 日開始記錄。將機器學習所需的實績資料整理成一張表單之後,可得到 表 2.3 的結果。

表 2.3 將用於學習的實績資料整理成一張表單

date	day_of_week	week_of_year	store	item	item_price	sales	total_sales_amount
2017-01-01	SUN	1	store_ginza	item_apple_juice	120	29	3480
2017-01-02	MON	1	store_ginza	item_apple_juice	120	27	3240
2017-01-03	TUE	1	store_ginza	item_apple_juice	120	37	4440
2017-01-04	WED	1	store_ginza	item_apple_juice	120	42	5040
...	...	...	...	...	...	...	...
2020-12-30	WED	53	store_ginza	item_apple_juice	120	58	6960
2020-12-31	THU	53	store_ginza	item_apple_juice	120	61	7320

學習資料包含門市名稱、地區名稱、商品名稱、商品價格、銷售日期、於一週的哪一天銷售。目標變數為銷售數量。

讓我們一起觀察飲料銷售數量的趨勢（ **圖2.3** ）。由於將所有門市在過去到現在的所有飲料銷售資料都列出來，資料會太過龐雜，所以下面先以週為單位，整理了二〇二〇年銀座店的蘋果汁銷售資料。

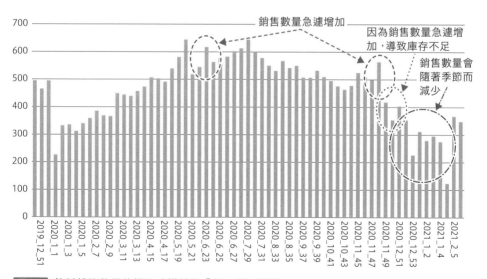

圖 2.3 飲料銷售數量的傾向（橫軸為「年 _ 月 _ 週次」

從圖中可以發現，若從長期的角度來看，飲料的銷售數量會在夏季達到巔峰，在冬季慢慢下滑，但是從短期的角度來看，銷售數量是不斷起伏的，有時的賣得特別多，有時候卻突然賣得特別少。

如果只有手邊這些資料，無法得知銷售數量異常增加的原因，有可能是大環境的因素（流行或是附近有活動舉辦）或是行銷策略（期間限定的廣告或活動）所造成。另一方面，在確認進貨量與庫存量之後，發現銷售數量異常減少的原因為庫存不足，損失銷售機會。換句話說，蘋果汁在 2020 年 11 月前期賣得太好，導致供不應求的情況發生，11 月後期的銷售數量也因此下滑。損失銷售機會固然可惜，但從利用機器學習預測需求的立場來看，反而會覺得應該試著解決這個問題。銷售數量因庫存不足而銳減當然是異常狀態，但能利用這個資料進行學習嗎？在此為大家列出三種解決方案。

- 方案 1：實際資料就是實際資料，當然可直接用來學習。
- 方案 2：刪除這段期間的資料再進行學習。
- 方案 3：根據之後的實際資料推論原本該有的銷售數量，再以推論之後的資料進行學習。比方說：根據這段期間前後的銷售數量算出平均值再進行學習。

大家覺得選擇哪個方案比較好？

由於沒有完全正確的解答，就讓我們試著比較這些方案。方案 1 是最簡單直覺的選擇。由於是直接使用現有的資料進行學習，所以無需另外追加資料。假設離群值只在很短的期間之內出現，那麼影響應該不大。那麼方案 2 又如何？比起利用包含離群值的資料進行學習，沒有離群值的資料或許可能得出正確的推論結果。仔細觀察資料會發現，銷售數量因為庫存不足而銳減的情況一年只會發生一次（向門市確認之後，確定供不應求的情況只發生過一次），所以將這部分的資料當成遺漏值處理也沒問題。方案 3 則是修正資料的解決方案。由於其他的資料都是正確的，所以可根據前後兩段時間的銷售數量算出平均值，藉此修正離群值，或是利用過去的資料進行推論，再利用推論結果修正離群值。這個方案當然可行，但整套系統會因此變得複雜。這次為了縮短時間以及讓過程保持簡潔，打算採用方案 1，如果因此在推論或是評估的過程中發生問題，再採用其他方案。

到此，解決課題所需的資料已整理完畢。主要就是確定了資料的架構與用途，接下來就是開發機器學習的模型與系統，但在此之前，要先建置開發環境。

● 2.3.3　建置開發環境

在開發需求預測的機器學習模型之前，讓我們先整理程式的種類。釐清程式的資料夾與各資料夾扮演的角色再開始撰寫程式，之後就能輕鬆快速地檢視程式。此外，還要選擇用於開發機器學習模型所需的函式庫。在開發機器學習模型時，雖然可使用各種函式庫，但使用的函式庫種類越多，函式庫相互依存的問題會變得更嚴重，程式也會變得更加複雜，導致看不清程式的全貌，所以才需要先選擇需要的函式庫。

讓我們先從選擇函式庫開始。最理想的狀態就是執行機器學習的環境不會受限於開發者的環境，所以這次會在 Docker 容器這個環境執行程式。使用的函式庫也為了盡可能不受到開發者的 Python pip（ URL https://github.com/pypa/pip）的限制，而使用 Python 的函式庫管理工具 Poetry（ URL https://python-poetry.org/），藉此管理本次機器學習開發所需的函式庫以及函式庫的版本。

機器學習的學習歷程以及輸出的模型檔案都必須記錄，目前已有各種函式庫或是架構可以幫助我們管理學習歷程，而這次使用的是能立刻在本地端環境使用的 MLflow（ URL https://www.mlflow.org/docs/latest/index.html）。

進行學習時，需要設定多種參數。雖然參數可透過 argparse 或是環境變數傳遞，但是參數越來越多，就會變得越來越難管理，所以這次採用 Hydra（ URL https://hydra.cc/docs/intro/）這種管理參數的函式庫。參數會統一整理為YAML 檔案再以 Hydra 載入。

接著思考儲存程式的資料夾。為了能一眼看出根資料夾的位置，這次將根資料夾命名為 ml。如果要使用 Hydra 與 MLflow，就必須另外新增資料夾，儲存學習歷程、模型檔案以及推論結果這類生成物。這次將儲存生成物的資料夾命名為 outputs。

所有程式都放在 src 資料夾底下，而 src 資料夾底下包含儲存資料處理與定義檔的 dataset 資料夾，以及取得資料、執行前置處理與學習的 jobs 資料夾、儲存通用函數的 middleware 資料夾以及統整模型定義程式的 models 資料夾。

總括來說，資料夾與程式的配置方式請參考 圖 2.4 。

```
ml ... 根資料夾
├── Dockerfile ...　機器學習所需的 Dockerfile
├── Dockerfile.mlflow ... MLflow Tracking Server の Dockerfile
├── hydra ... 於 Hydra 使用的參數檔案的資料夾
│   ├── 2020_52.yaml ... 2020 年第 52 週的參數
│   ├── 2021_03.yaml ... 2021 年第 03 週的參數
│   ├── 2021_04.yaml ... 2021 年第 04 週的參數
│   ├── 2021_31.yaml ... 2021 年第 31 週的參數
│   └── 2021_32.yaml ... 2021 年第 32 週的參數
├── outputs ... 儲存模型、學習歷程與推論結果的資料夾
├── poetry.lock ... 於 Poetry 定義的函式庫清單
├── pyproject.toml ... Poetry 的設定
├── requirements.txt ... 用於機器學習的函式庫的清單
└── src
    ├── __init__.py
    ├── configurations.py ... 基本設定值的定義檔
    ├── dataset ... 資料處理程式的資料夾
    │   ├── __init__.py
    │   ├── data_manager.py
    │   └── schema.py
    ├── jobs ... 定義各種工作的程式的資料夾
    │   ├── __init__.py
    │   ├── optimize.py
    │   ├── predict.py
    │   ├── register.py
    │   ├── retrieve.py
    │   └── train.py
    ├── main.py ... 執行檔
    ├── middleware ... 通用中介軟體
    │   ├── __init__.py
    │   ├── dates.py
    │   ├── db_client.py
    │   ├── logger.py
    │   └── strings.py
    └── models ... 定義機器學習模型的程式
        ├── __init__.py
        ├── base_model.py
        ├── light_gbm_regression.py
        ├── models.py
        └── preprocess.py
```

圖 2.4 資料夾與程式的配置

如此一來就挑選了需要的資料夾,也知道程式該放在哪些資料夾。接著讓我們
開始建構資料前置處理的部分。

2.3.4 資料的前置處理

接著讓我們建構資料前置處理（ 表 2.4 、 圖 2.5 ）。門市、地區、商品與星期幾的資料都是項目資料，商品價格則屬於數值資料。銷售日期會拆解成年、月、日、星期幾、週次這類項目資料。此外，還會將過去的銷售實績當成滯後資料（lag data）使用。

表 2.4 資料

資料名稱	種類
門市	項目資料
地區	項目資料
商品	項目資料
商品價格	數值資料
銷售星期	項目資料
銷售日	拆解成年、月、日、週次，再當成項目資料使用
過去銷售實績	數值資料（滯後資料）

store	region	item	item_price	day_of_week	date	sales
store_ginza	store_east	apple_juice	120	FRI	2020/1/31	49
store_ginza	store_east	apple_juice	120	SAT	2020/2/1	41
store_ginza	store_east	apple_juice	120	SUN	2020/2/2	58
store_ginza	store_east	apple_juice	120	MON	2020/2/3	54

門市、地區、商品、商品價格
與銷售星期都保持不變

年月日拆解成
年、月、日、週次

將過去的業績當成滯後資料使用

store	region	item	item_price	day_of_week	year	month	date	week_of_year	sales_lag_1	sales_lag_2	sales_lag_3
store_ginza	store_east	apple_juice	120	FRI	2020	1	31	5	xx	xx	xx
store_ginza	store_east	apple_juice	120	SAT	2020	2	1	5	49	xx	xx
store_ginza	store_east	apple_juice	120	SUN	2020	2	2	5	41	49	xx
store_ginza	store_east	apple_juice	120	MON	2020	2	3	6	58	41	49

圖 2.5 整理資料的格式

這些資料將當成學習資料使用，藉此預測銷售數量。接著要進一步介紹各種資料的用途。

數值資料為商品價格與過去的銷售實績。商品價格的區間落在 100 日圓至 200 日圓之間。雖然商品價格有可能因為特賣而降至 100 日圓以下，或是有可能因為銷售高價商品而變成 300 日圓，但這些離群值都屬於極少數的資料。商品價格應可利用 Min-Max 演算法標準化。

其他的資料都是項目資料，但要注意的是，本次的項目資料分成兩種。

> 1. 所有資料都是同一項目的資料：年、週、星期、月這種常見的資料。
>
> 2. 項目有可能不同的資料：門市、地區、商品這類有可能變動的資料。

不管是哪種資料，都會利用 One-hot encoding 將各項目轉換成 0 或 1 這種二進位格式。不過在處理 1. 這種項目固定的資料時，不管是否已經有資料，都要另外建立項目。換言之，年月日這種資料可事先知道項目的範圍，所以先建立範圍夠大的項目就能提升模型的通用性。另一方面，2. 這種項目有可能不同的資料夾則無法預測會發生什麼變化，因為門市有可能重新裝潢或倒閉，飲料也有可能停售或是換標籤，還有可能會另外銷售新商品，總之會因為許多外部因素而產生變化。這類資料會利用當下的項目執行 One-hot encoding，再於發生變化時進行微調。

接著要定義前置處理所需的資料。資料的種類已於 表2.4 、 圖2.5 說明，但還是得定義資料的類型與格式，或是找出錯誤的資料。換句話說，就是判斷數值應該大於等於 0 的商品價格或銷售實數是否為正整數。此外，門市、地區、商品、銷售星期這類文字資料也得確定是門市名稱、地區名稱、商品名稱與銷售星期。

Python 的表單資料處理通常是透過 pandas（ URL https://pandas.pydata.org）這個函式庫進行，但 pandas 另有一個作為輔助使用的 pandera（ URL https://pandera.readthedocs.io/en/stable/）的資料驗證函式庫。這次會使用 pandas 與 pandera 這兩個函式庫驗證資料。

第一步要先載入最原始的資料。這些單日銷售資料都已儲存為 CSV 檔案，所以要將這些 CSV 檔案當成 pandas DataFrame 載入，再判斷資料是否已整理成預設的欄位或類型。

由於完整的程式非常長，所以本書只介紹重點。若想取得完整的程式碼請瀏覽
下列的儲存庫。在啟動程式之前，請先參考下列儲存庫的 README。

- **shibuiwilliam/building-ml-system**

  URL https://github.com/shibuiwilliam/building-ml-system/tree/develop/chapter2_
  demand_forecasting_with_ml

程式碼 2.1 是利用 pandera 定義與驗證從 CSV 檔案輸入的資料。

程式碼 2.1 資料架構的定義

```
# https://github.com/shibuiwilliam/building-ml-system/blob/develop/➡
chapter2_demand_forecasting_with_ml/stage0/ml/src/dataset/schema.py

from datetime import datetime

from pandera import Check, Column, DataFrameSchema, Index

STORES = [
    "nagoya",
    "shinjuku",
    "osaka",
    "kobe",
    "sendai",
    "chiba",
    "morioka",
    "ginza",
    "yokohama",
    "ueno",
]

ITEMS = [
    "fruit_juice",
    "apple_juice",
    "orange_juice",
    "sports_drink",
    "coffee",
    "milk",
    "mineral_water",
    "sparkling_water",
    "soy_milk",
    "beer",
]
```

```python
ITEM_PRICES = {
    "fruit_juice": 150,
    "apple_juice": 120,
    "orange_juice": 120,
    "sports_drink": 130,
    "coffee": 200,
    "milk": 130,
    "mineral_water": 100,
    "sparkling_water": 120,
    "soy_milk": 120,
    "beer": 200,
}

# 週為第 1 週至第 54 週的其中一週。
WEEKS = [i for i in range(1, 54, 1)]

# 月為 1 月至 12 月的其中一個月。
MONTHS = [i for i in range(1, 13, 1)]

# 年為 2017 年至 2031 年的其中一年。
YEARS = [i for i in range(2017, 2031, 1)]

# 星期為一二三四五六日。
DAYS_OF_WEEK = ["MON", "TUE", "WED", "THU", "FRI", "SAT", "SUN"]

BASE_SCHEMA = DataFrameSchema(
    columns={
        "date": Column(datetime),
        "year": Column(int, required=False),
        "day_of_week": Column(
            str,
            checks=Check.isin(DAYS_OF_WEEK),
        ),
        "week_of_year": Column(int, checks=Check.isin(WEEKS)),
        "store": Column(str, checks=Check.isin(STORES)),
        "item": Column(str, checks=Check.isin(ITEMS)),
        "item_price": Column(
            int,
            checks=Check.greater_than_or_equal_to(0),
        ),
        "sales": Column(
            int,
            checks=Check.greater_than_or_equal_to(0),
        ),
        "total_sales_amount": Column(
```

```
            int,
            checks=Check.greater_than_or_equal_to(0),
        ),
    },
    index=Index(int),
    strict=True,
    coerce=True,
)
```

接著要以 pandas DataFrame 載入 CSV 檔案，再利用 pandera 驗證資料
（ 程式碼 2.2 ）。

程式碼 2.2 取得資料

```
# https://github.com/shibuiwilliam/building-ml-system/blob/develop/➡
chapter2_demand_forecasting_with_ml/stage0/ml/src/jobs/retrieve.py

from datetime import date
from typing import Optional

import pandas as pd
from src.dataset.data_manager import load_df_from_csv
from src.dataset.schema import BASE_SCHEMA


class DataRetriever(object):
    def __init__(self):
        pass

    def retrieve_dataset(
        self,
        file_path: str,
        date_from: Optional[date] = None,
        date_to: Optional[date] = None,
        item: str = "ALL",
        store: str = "ALL",
    ) -> pd.DataFrame:
        raw_df = load_df_from_csv(file_path=file_path)
        raw_df["date"] = pd.to_datetime(raw_df["date"]).dt.date
        if date_from is not None:
            raw_df = raw_df[raw_df.date >= date_from]
        if date_to is not None:
            raw_df = raw_df[raw_df.date <= date_to]
```

```
        if item is not None and item != "ALL":
            raw_df = raw_df[raw_df.item == item]
        if store is not None and store != "ALL":
            raw_df = raw_df[raw_df.store == store]

        raw_df = BASE_SCHEMA.validate(raw_df)
        return raw_df
```

raw_df = BASE_SCHEMA.validate(raw_df) 的部分是利用 pandera 驗證資料的部分。假設資料的格式與 BASE_SCHEMA 一致就能正常處理，否則就會視為錯誤，處理也會中止。檢查資料的格式是否正確可避免後續的步驟使用錯誤的資料。

這次的程式碼載入了單日銷售資料，但這次要預測的是每週的飲料銷售數量，所以得將單日銷售資料轉換成單週銷售資料。這部分也會使用 pandera，確保資料正確轉換。pandera 的定義請參考 程式碼 2.3 。

程式碼 2.3 單週資料的架構

```
# https://github.com/shibuiwilliam/building-ml-system/blob/develop/➡
chapter2_demand_forecasting_with_ml/stage0/ml/src/dataset/schema.py

from pandera import Check, Column, DataFrameSchema, Index

WEEKLY_SCHEMA = DataFrameSchema(
    columns={
        "year": Column(int),
        "week_of_year": Column(int, checks=Check.isin(WEEKS)),
        "month": Column(int, checks=Check.isin(MONTHS)),
        "store": Column(str, checks=Check.isin(STORES)),
        "item": Column(str, checks=Check.isin(ITEMS)),
        "item_price": Column(
            int,
            checks=Check.greater_than_or_equal_to(0),
        ),
        "sales": Column(
            int,
            checks=Check.greater_than_or_equal_to(0),
        ),
        "total_sales_amount": Column(
            int,
```

```
                checks=Check.greater_than_or_equal_to(0),
            ),
            "sales_lag_.*": Column(
                float,
                checks=Check.greater_than_or_equal_to(0),
                nullable=True,
                regex=True,
            ),
        },
        index=Index(int),
        strict=True,
        coerce=True,
    )
```

接著將單日資料的 pandas DataFrame 轉換成單週資料（ 程式碼 2.4 ）。

程式碼 2.4 前置處理

```
# https://github.com/shibuiwilliam/building-ml-system/blob/develop/➡
chapter2_demand_forecasting_with_ml/stage0/ml/src/models/preprocess.py

import numpy as np
import pandas as pd
from src.dataset.schema import BASE_SCHEMA, WEEKLY_SCHEMA



class DataPreprocessPipeline(BasePreprocessPipeline):
    def __init__(self):
        # 省略部分實體變數。
        pass

    def preprocess(
        self,
        x: pd.DataFrame,
        y=None,
    ) -> pd.DataFrame:
        x = BASE_SCHEMA.validate(x)
        x["year"] = x.date.dt.year
        x["month"] = x.date.dt.month
        weekly_df = (
            x.groupby(["year", "week_of_year", "store", "item"])
            .agg(
                {
```

```
                    "month": np.mean,
                    "item_price": np.mean,
                    "sales": np.sum,
                    "total_sales_amount": np.sum,
                }
            )
            .astype(
                {
                    "month": int,
                    "item_price": int,
                    "sales": int,
                    "total_sales_amount": int,
                }
            )
    )
    weekly_df = weekly_df.reset_index(
        level=["year", "week_of_year", "store", "item"],
    )
    weekly_df = weekly_df.sort_values(
        ["year", "month", "week_of_year", "store", "item"],
    )
    for i in range(2, 54, 1):
        # 製作 2 週前到現在的過去銷售實績的滯後資料。
        weekly_df[f"sales_lag_{i}"] = (
            weekly_df
            .groupby(["store", "item"])["sales"]
            .shift(i)
        )
    weekly_df = WEEKLY_SCHEMA.validate(weekly_df)
    return weekly_df
```

上述的程式定義了 DataPreprocessPipeline 類型，將需求預測模型的前
置處理定義為 DataPreprocessPipeline 類型的函數。單日資料會轉換成
單週資料，也就是年月日資料會重新定義為年、月、週的資料。

這次也製作了過去銷售實績的滯後資料。滯後資料是以 xx 天之前或 yy 週之前
這類實際資料為特徵值。比方說，要預測 2021 年 1 月 25 日那週的需求時，預
測結果應該會與 2021 年 1 月 11 日的那週（2021 年 1 月 11 日（星期一）到
2021 年 1 月 17 日（星期日））的銷售實績或是一年前的 2020 年 1 月 25 日的
銷售實績正相關，而為了將這類資料納入學習資料，就會如 圖 2.6 的方式，將
兩週前的銷售實績以單週為單位，新增至特徵值之中。

year	week_of_year	sales	sales_lag_2 2週前的sales	ales_lag_3 3週前的sales	sales_lag_4 4週前的sales	sales_lag_5 5週前的sales	...	sales_lag_53 53週前的sales
2020	1	226	將1年前的銷售數量當成學習資料使用					
2020	2	334						
...	...	...	...					
2021	1	314	將2週、3週、4週、5週前的 銷售數量當成學習 資料使用				...	226
2021	2	280					...	334
2021	3	297	314				...	
2021	4	276	280	314			...	
2021	5	369	297	280	314		...	
2021	6	350	276	297	280	314	...	

圖 2.6 以週為單位，將銷售實績新增至特徵量

上述的程式之所以載入兩週之前的資料，是希望在進行推論的時候，能夠使用最新的銷售實績資料。後面也會提到的是，銷售實績資料這類時序資料不一定每次都能取得最新的資料。這次主要是根據 AI 商店統計銷售實績的頻率以及下訂單的間隔，而將用於機器學習的資料訂為兩週之間的資料。

> **時序資料不可隨機分割！** 以 2021 年 1 月的第 1 週到第 3 週的資料進行學習，以及推論第 4 週的銷售實績時，不可能已經知道第 4 週的銷售實績。機器學習的評估也必須在相同的狀況下進行。換句話說，將 2021 年 1 月第 1 週到第 3 週的資料分割成學習資料與測試資料時，將第 1 週到第 2 週的資料分割為學習資料，再將第 3 週的資料分割為測試資料，就能以第 1 週到第 2 週的資料推論與評估在第 1 週與第 2 週無從得知的第 3 週的銷售實績。反之，若是隨機分割第 1 週至第 3 週的資料，就會以本來應該還不知道的第 3 週資料進行學習與後估。這種學習資料與評估資料混在一起的情況稱為資料洩露（Data Leakage）。

到目前為止，資料的格式已經調整完畢。接下來就是分割資料與進行前置處理。在開發機器學習的模型時，通常會將資料分割成學習資料與測試資料，而這次的時序資料則會以時間點分割學習資料與測試資料。

接著要利用這兩種資料開發與評估模型。

前置處理的部分會使用 scikit-learn 的 ColumnTransformer。Column Transformer 是將各欄位的前置處理分別定義為 scikit-learn 的 Pipeline 的類別，可將這次的門市、地區、商品名稱、商品價格、銷售年份、銷售月份、

銷售週次、過去銷售實績資料的前處理統整為一個管線。或許有些人會覺得統為不同的管線比較簡單，但利用 ColumnTransformer 整理，就能在後續需要使用前置處理時，直接以函數呼叫前置處理。前置處理的管線會定義為前述提到的 DataPreprocessPipeline 類別的函數（程式碼 2.5）。

程式碼 2.5 前置處理的後續

```python
# https://github.com/shibuiwilliam/building-ml-system/blob/develop/➡
chapter2_demand_forecasting_with_ml/stage0/ml/src/models/preprocess.py

from sklearn.compose import ColumnTransformer
from sklearn.impute import SimpleImputer
from sklearn.pipeline import Pipeline
from sklearn.preprocessing import (
    FunctionTransformer,
    MinMaxScaler,
    OneHotEncoder,
)
from src.dataset.schema import MONTHS, WEEKS, YEARS


def define_pipeline(self):
    week_of_year_ohe = OneHotEncoder().fit([[i] for i in WEEKS])
    month_ohe = OneHotEncoder().fit([[i] for i in MONTHS])
    year_ohe = OneHotEncoder().fit([[i] for i in YEARS])

    base_pipeline = Pipeline([("simple_imputer", SimpleImputer())])
    lag_pipeline = Pipeline([("simple_imputer", SimpleImputer())])
    numerical_pipeline = Pipeline(
        [
            ("simple_imputer", SimpleImputer()),
            ("scaler", MinMaxScaler()),
        ]
    )
    categorical_pipeline = Pipeline(
        [
            ("simple_imputer", SimpleImputer()),
            ("one_hot_encoder", OneHotEncoder()),
        ]
    )
    week_of_year_pipeline = Pipeline(
        [
            ("simple_imputer", SimpleImputer()),
```

建立需求預測系統

```
            (
                "one_hot_encoder",
                FunctionTransformer(week_of_year_ohe.transform),
            ),
        ]
    )
    month_pipeline = Pipeline(
        [
            ("simple_imputer", SimpleImputer()),
            (
                "one_hot_encoder",
                FunctionTransformer(month_ohe.transform),
            ),
        ]
    )
    year_pipeline = Pipeline(
        [
            ("simple_imputer", SimpleImputer()),
            (
                "one_hot_encoder",
                FunctionTransformer(year_ohe.transform),
            ),
        ]
    )


    pipeline = ColumnTransformer(
        [
            ("bare", base_pipeline, bare_columns),
            ("lag", lag_pipeline, lag_columns),
            ("numerical", numerical_pipeline, ["item_price"]),
            ("categorical", categorical_pipeline, ["store", "item"]),
            ("week_of_year", week_of_year_pipeline, ["week_of_year"]),
            ("month", month_pipeline, ["month"]),
            ("year", year_pipeline, ["year"]),
        ],
    )
```

於 ColumnTransformer 類別定義的管線可輸出為影像再確認內容。這次定義
的前置處理管線屬於 圖 2.7 的構造。

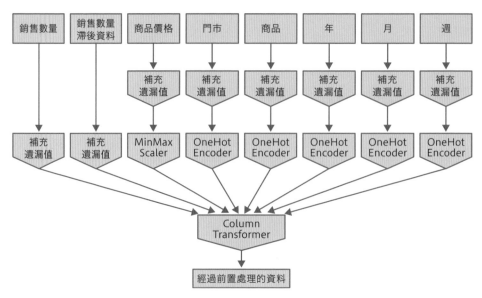

圖 2.7 前置處理管線

接著是將資料分割成學習資料與測試資料。

處理時序資料的重點,在於不一定能在推論時取得最新的資料(比方說,取得直至昨天之前的實際資料)。前面也提過,AI 商店是在下週的週一統計特定週的飲料銷路。下訂單之後,飲料需要 5 天的交貨時間才會送到所有門市,所以若要預測 2021 年 1 月 25 日(星期一)該週的需求,就必須在五天前的 1 月 20 日(星期三)決定飲料的個數,然後向製造商下訂單,而在 1 月 20 日(星期三)可使用的資料為在 1 月 18 日(星期一)統計的 1 月 17 日(星期日)之前的資料。簡單來說,要預測 1 月 25 日該週的需求,就必須以 1 月 20 日為期限,利用 1 月 17 日之前的資料進行預測(**圖 2.8**)。

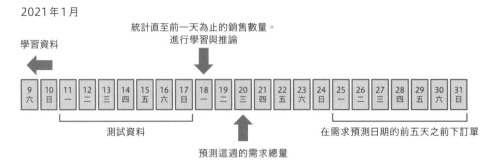

圖 2.8 學習資料、測試資料與預測的時間關係

要根據上述的說明製作學習資料與測試資料時，會需要下列的邏輯。

- 學習資料與測試資料都是截至兩週之前的滯後資料。一週之前的資料不會被當成滯後資料使用。換言之，2021 年 1 月 25 日（星期一）該週的滯後資料為 1 月 11 日（星期一）該週之前的實績，不包含 1 月 18 日（星期一）的實績。

- 學習資料與測試資料之間會有一週的間隔。換言之，學習資料若是 2017 年 1 月 1 日（星期日）到 2021 年 1 月 4 日（星期一）這段期間的資料，測試資料就會是 2021 年 1 月 11 日（星期一）到 1 月 17 日（星期日）這段期間的資料。

滯後資料必須是可於推論實際使用的資料。這與 **2.3.1 節** 提到的「可於推論之際使用」的條件符合。同樣地，學習資料也必須是能於推論使用的資料。學習所得的模型為了評估實用性而進行推論的資料是與學習資料最後一週相隔一週之後的資料。如果無法重現這個狀況，只將時序資料分割成 2021 年 1 月 24 日之前以及 1 月 25 日之後的資料，就等於分割出一堆無法實際使用的資料，也會得到與課題無關的模型。要以時序資料預測未來時，一定要在重現了可取得的資料之後，再開發機器學習的模型。

這次要根據上述說明的邏輯將資料分割為學習資料與測試資料，而 2017 年第 1 到 2021 年 1 月 4 日（星期一）該週的單週資料為學習資料，2021 年 1 月 11 日（星期一）的該週資料為測試資料。資料範圍是於 Hydra 這種參數管理函式庫定義。Hydra 會以 YAML 格式定義各種參數，之後便可從 Python 載入 YAML 檔案再使用這些參數。於 Hydra 定義的資料參數可參考 程式碼 2.6 。

程式碼 2.6 透過參數設定資料範圍

```
# https://github.com/shibuiwilliam/building-ml-system/blob/develop/➡
chapter2_demand_forecasting_with_ml/stage0/ml/hydra/2021_04.yaml

name: beverage_sales_forecasting
jobs:
  data:
    source: local
    path: /opt/data/data/item_sales_records_train_2021_04.csv
```

```
target_data:
  date_from: 2017-01-01
  date_to: 2021-01-18
  item: ALL
  store: ALL
  region: ALL
train:
  year: 2017
  week: 1
test:
  year: 2021
  week: 2
predict:
  year: 2021
  week: 4
  items: ALL
  stores: ALL
```

這次要撰寫的程式是取得了 2017 年 1 月 1 日到 2021 年 1 月 18 日的資料，並將學習資料的第一週訂為 2017 年的第 1 週，以及將學習資料的最後一週定為測試資料的兩週前。測試資料為 2021 年第二週（2021 年 1 月 11 日至 2021 年 1 月 17 日），換言之，學習資料的最後一週就是 2020 年第 53 週，最後一天為 2021 年 1 月 3 日。**第 2.3.6 節**使用的推論目標資料指定為 2021 年第 4 週（2021 年 1 月 25 日的那週）。

如此一來，資料的前置處理就結束了。由於我們的手邊已經有學習資料與測試資料，所以可開發模型與評估模型的精準度。

2.3.5　學習

到目前為止，我們已經確定要在機器學習使用的資料，也收集了資料，透過前置處理將資料分割成學習資料與測試資料。接著要利用學習資料學習需求預測模型，再利用測試資料評估模型。

要學習模型時，必須選擇適當的演算法與函式庫。由於這次要學習的是時序資料的迴歸模型，所以主要的選項如下：

- 線性迴歸或多元迴歸分析。

- 隨機森林迴歸、梯度提升決策樹這類樹狀結構的迴歸演算法。

- 類神經網路迴歸。

上述這些演算法可透過 scikit-learn、Prophet、LightGBM、TensorFlow、PyTorch 這類函式庫建置，而這些函式庫都可於 Python 使用。除了上述的演算法之外，各演算法也內建了學習模型所需的超參數（學習率、樹狀結構深度這類設定值）。要試過所有的演算法與參數很費時間與精力，所以一開始先試用通用性較高、使用門檻較低的演算法與函式庫就好。這次選擇的是 LightGBM 迴歸這種樹狀結構迴歸之一的演算法。

如果要利用 Python 開發模型，可先利用 scikit-learn 的 Pipeline 整理前述的前置處理，再儲存為 Pickle 或 ONNX 格式，就能在學習模型或推論結果時，執行相同的前置處理。若在學習模型或推論結果時重寫前置處理的程式，有可能會徒增錯誤，所以盡可能使用相同的前置處理。在利用前置處理之的資料學習模型時，需要利用選擇的函式庫撰寫學習程式與評估程式，再比較評估結果。

學習模型的步驟如下：

1. 定義學習成功的狀態，決定可容忍的誤差。

2. 以函式庫內建的超參數學習與評估不同的模型。

3. 如果內建的超參數讓誤差低於可容忍的誤差，就停止學習模型，再讓最優秀的模型付諸實用。

4. 如果誤差超過可容忍的誤差上限，就調整各模型的主要超參數，再利用改善之後的模型進行評估。

5. 重覆 2、3、4 的步驟，讓誤差低於可容忍的誤差。

6. 如果無法讓誤差低於可容忍的誤差，就改用其他函式庫或是模型。回到步驟 2。

要知道哪個模型可以創造理想的結果，就必須進行實驗。要想評估這個實驗是否成功，就必須定義成功的狀態，接著不斷地進行實驗，直到達成這個狀態為止。機器學習雖然是很方便的工具，但漫無目的地使用卻是本末倒置。接著讓我們定義評估函數以及付諸實用所需的成功條件。

假設成功狀態的定義如下：

1. 利用 2017 年 1 月 1 日（星期日）到 2021 年 1 月 3 日（星期日）的資料學習模型後，利用該模型針對 2021 年 1 月 25 日當週（1 月 25 日到 1 月 31 日，也就是 2021 年第 4 週）的全門市所有飲料實際數據進行推論，得到推論值 RMSE 小於 50 的結果。

2. 針對同時期全門市的各種飲料評估實際數據與推論值的差距，得到差距（實際數據－推論值）落在大於等於 -50（庫存過剩）、小於等於 +30（庫存不足）這個範圍的結果。

為了在評估過程中，對離群值設定懲罰項，所以會使用均方根誤差（root mean squared error，RMSE）。除此之外，還會針對每個推論結果評估實際數據與推論的差距（實際數據－推論值）。由於要根據飲料的需求預測結果決定進貨量，所以負的差距與正的差距有不同的意思。負的差距越大（實際數據＜推論值）代表進太多貨，有可能會出現庫存過剩的問題，反之，正的差距越大（實際數據＞推論值）則有可能出現庫存不足的風險。就算全門市所有飲料的平均值誤差不大（RMSE 較低），還是有可能出現特定門市或特定飲料的差距往負的方向或正的方向大幅偏離的情況。評估這類風險可判斷推論值是否可於所有的門市與飲料應用。

RMSE 小於等於 50、差距落在大於等於 -50、小於等於 +30 這個範圍的目標值在不同的門市或是飲料而言，有可能會是非常大的值。比方說，銀座店這種平均銷售量較高的門市，或是礦泉水這種各門市的銷售量都有一定程度的飲料而言，實際數據與推論值的差距都不會太過明顯，反之，在平均銷售數量較少的盛岡店就有可能比較明顯。就算在使用機器學習之前先確定評估值，也無從驗證該評估值的可信度。不過，若不設定目標值就使用機器學習，就無從判斷機器學習的效果，所以這個評估值可比照實際數據一步步修正，或是設定為應該超越的目標值。

接下來要開發模型。這次的模型會使用 LightGBM 的 LGBM Regressor 建置。LightGBM 的參數會於 Hydra 這種參數管理函式庫定義，再以 Python 的 LightGBM 函式庫載入參數（ 程式碼 2.7 ）。

程式碼 2.7 參數

```
# https://github.com/shibuiwilliam/building-ml-system/blob/develop/➡
chapter2_demand_forecasting_with_ml/stage0/ml/hydra/2021_04.yaml

name: beverage_sales_forecasting
jobs:
  # 中間省略。

  model:
    name: light_gbm_regression
    params:
      task: "train"
      boosting: "gbdt"
      objective: "regression"
      num_leaves: 3
      learning_rate: 0.05
      feature_fraction: 0.5
      max_depth: -1
      num_iterations: 1000000
      num_threads: 0
      seed: 1234
      early_stopping_rounds: 200
      eval_metrics: mse
      verbose_eval: 1000
```

這些參數就是 LightGBM 模型的超參數。

需求預測模型的程式會定義 BaseDemandForecastingModel 這個基礎類別，再以繼承 BaseDemandForecastingModel 類型的方式建置 LightGBM RegressionDemandForecasting 類別。定義基礎類別可在開發 LightGBM 之外的模型時，建置與使用相同的介面。以多種函式庫開發不同的模型時，常常會發生某個程式可在某個模型執行，卻無法在另一個模型執行的情況。為了避免這種情況，就要以相同的方式使用模型類別，所以才會以繼承基礎類別的方式開發模型（ 程式碼 2.8 ）。

```python
# https://github.com/shibuiwilliam/building-ml-system/blob/develop/➡
chapter2_demand_forecasting_with_ml/stage0/ml/src/models/➡
light_gbm_regression.py

from abc import ABC, abstractmethod
from typing import Dict, Optional

import pandas as pd
from lightgbm import LGBMRegressor



# 基礎類別。
class BaseDemandForecastingModel(ABC):
    def __init__(self):
        self.name: str = "base_beverage_sales_forecasting"
        self.params: Dict = {}
        self.model = None

    # 初始化模型。
    @abstractmethod
    def reset_model(
        self,
        params: Optional[Dict] = None,
    ):
        raise NotImplementedError

    # 學習。
    @abstractmethod
    def train(
        self,
        x_train: pd.DataFrame,
        y_train: pd.DataFrame,
        x_test: Optional[pd.DataFrame] = None,
        y_test: Optional[pd.DataFrame] = None,
    ):
        raise NotImplementedError

    # 推論。
    @abstractmethod
    def predict(
        self,
        x: pd.DataFrame,
    ) -> pd.DataFrame:
        raise NotImplementedError
```

```python
class LightGBMRegressionDemandForecasting(BaseDemandForecastingModel):
    def __init__(
        self,
        params: Dict,
        early_stopping_rounds: int = 200,
        eval_metrics: str = "mse",
        verbose_eval: int = 1000,
    ):
        self.name = "light_gbm_regression"
        self.params = params
        self.early_stopping_rounds = early_stopping_rounds
        self.eval_metrics = eval_metrics
        self.verbose_eval = verbose_eval

        self.model: LGBMRegressor = None
        self.reset_model(params=self.params)
        self.column_length: int = 0

    def reset_model(
        self,
        params: Optional[Dict] = None,
    ):
        if params is not None:
            self.params = params
        self.model = LGBMRegressor(**self.params)

    def train(
        self,
        x_train: pd.DataFrame,
        y_train: pd.DataFrame,
        x_test: Optional[pd.DataFrame] = None,
        y_test: Optional[pd.DataFrame] = None,
    ):
        eval_set = [(x_train, y_train)]
        if x_test is not None and y_test is not None:
            eval_set.append((x_test, y_test))
        self.model.fit(
            X=x_train,
            y=y_train,
            eval_set=eval_set,
            early_stopping_rounds=self.early_stopping_rounds,
            eval_metric=self.eval_metrics,
            verbose=self.verbose_eval,
        )
```

```
def predict(
    self,
    x: pd.DataFrame,
) -> pd.DataFrame:
    predictions = self.model.predict(x)
    return predictions
```

BaseDemandForecastingModel 類別會使用 train 函數學習模型，以及使用 predict 函數進行推論。

測試資料為 2021 年第 2 週的資料，其中包含各門市、所有飲料的資料。進行評估時，會針對各門市的每種飲料進行計算。其實也可以一口氣針對所有門市的所有料飲進行評估，但這麼一來，就無從得知特定門市或特定飲料的離群值。進行評估時，會以各門市的各種飲料為單位，計算均方根誤差與實際數據減去推論值的差距，再根據成功狀態的定義找出哪間門市的飲料超出容許值。如果在學習模型或是進行評估時，找到不符合成功狀態定義的飲料，代表無法利用學習所得的模型對該門市的飲料進行推論，之後便要特別注意該推論值。

假設各門市或是各種飲料的推論結果都不符合成功狀態的定義，就必須重新選擇超參數或是模型，重新學習模型以及進行推論。

接著讓我們觀察評估結果。首先要觀察的是所有門市、所有飲料的 RMSE。結果為 42.63。雖然有一定程度的偏差，卻還落在成功條件的範圍之內。

那麼各門市的各項飲料的差距又是多少呢？差距無法落在 -50 ～ +30 這個區間的推論結果請參考 表 2.5 ）。過度進貨（負的差距較大）的飲料只有盛岡門市與千葉門市的部分飲料，但大部分的門市與飲料都有庫存不足的問題。這有可能是飲料的銷售數量正逐年成長，所以銷售數量比過去同時期來得更高。

表 2.5 差距無法落在 -40 與 +20 之間的推論結果

門市	飲料	實際數據	推論結果	差距（實際數據－推論結果）
千葉	礦泉水	300.0	359.270308	-59.270308
盛岡	啤酒	74.0	128.812847	-54.812847
盛岡	果汁	63.0	128.812847	-65.812847
盛岡	碳酸水	70.0	128.812847	-58.812847

門市	飲料	實際數據	推論結果	差距（實際數據－推論結果）
千葉	咖啡	325.0	271.908843	53.091157
千葉	牛奶	396.0	306.114857	89.885143
千葉	豆漿	231.0	157.980720	73.019280
銀座	啤酒	214.0	170.175565	43.824435
銀座	咖啡	539.0	453.359060	85.640940
銀座	牛奶	567.0	514.515468	52.484532
銀座	礦泉水	628.0	581.372987	46.627013
銀座	豆漿	310.0	244.734279	65.265721
銀座	運動飲料	387.0	344.468121	42.531879
神戶	咖啡	338.0	306.114857	31.885143
神戶	牛奶	383.0	331.153442	51.846558
神戶	豆漿	230.0	153.428153	76.571847
名古屋	咖啡	388.0	328.239055	59.760945
名古屋	牛奶	448.0	369.595400	78.404600
名古屋	運動飲料	286.0	252.340930	33.659070
大阪	咖啡	505.0	414.722941	90.277059
大阪	牛奶	532.0	445.398713	86.601287
大阪	礦泉水	572.0	519.273664	52.726336
大阪	豆漿	296.0	219.679974	76.320026
仙台	咖啡	337.0	281.085082	55.914918
仙台	牛奶	368.0	322.497923	45.502077
新宿	啤酒	220.0	184.468846	35.531154
新宿	咖啡	535.0	492.072888	42.927112
新宿	牛奶	610.0	514.515468	95.484532
新宿	豆漿	332.0	263.203193	68.796807
新宿	運動飲料	383.0	323.221831	59.778169
上野	咖啡	480.0	408.165055	71.834945
上野	牛奶	519.0	453.762209	65.237791
橫濱	咖啡	471.0	351.616255	119.383745
橫濱	牛奶	502.0	426.726021	75.273979
橫濱	礦泉水	523.0	488.315785	34.684215
橫濱	豆漿	278.0	208.777461	69.222539

解決方案之一就是調整超參數或是換另一個模型，不過，在此之前，可先思考這個狀態是否還有改善的空間。異常較為明顯的門市分別為銀座、大阪、新宿與橫濱，而異常較為明顯的飲料也多是牛奶、豆漿與咖啡。讓我們試著驗證能否以錯誤推論支援模式修正部分數值吧。

讓我們在上述的 **表 2.5** 加入下列的調整再重新進行評估。

- 盛岡門市的所有飲料減少 20 分
- 銀座門市的所有飲料追加 25 分
- 新宿門市的所有飲料追加 30 分
- 橫濱門市的所有飲料追加 20 分
- 大阪門市的所有飲料追加 30 分
- 各門市的牛奶追加 40 分
- 各門市的豆漿追加 20 分
- 各門市的咖啡追加 30 分

調整之後得到的 RMSE 為 27.05，各門市各飲料的異常差距請參考 **表 2.6** 。

表 2.6 各門市各飲料的異常差距

門市	飲料	實際數據	推論結果	差距（實際數據－推論結果）
千葉	礦泉水	300.0	359.270308	-59.270308
銀座	蘋果汁	280.0	337.438528	-57.438528
大阪	蘋果汁	275.0	328.586376	-53.586376
千葉	牛奶	396.0	346.114857	49.885143
千葉	豆漿	231.0	177.980720	53.019280
銀座	咖啡	539.0	508.359060	30.640940
神戶	豆漿	230.0	173.428153	56.571847
盛岡	運動飲料	170.0	135.314289	34.685711
名古屋	牛奶	448.0	409.595400	38.404600
名古屋	運動飲料	286.0	252.340930	33.659070
大阪	咖啡	505.0	474.722941	30.277059

建立需求預測系統

門市	飲料	實際數據	推論結果	差距（實際數據－推論結果）
上野	咖啡	480.0	438.165055	41.834945
橫濱	咖啡	471.0	401.616255	69.383745

雖然有些商品的差距還是很明顯，但已經比一開始的推論結果好得多，所以讓我們試著在這個狀態下，讓機器學習的推論值付諸實用吧。

 ## 2.3.6　應用與評估推論結果

到目前為止，我們利用資料學習了模型，也評估了模型。接著要思考讓機器學習的推論值付諸實用的步驟。假設應用機器學習的第一週為 2021 年 1 月 25 日當週，以及已經在 1 月 12 日取得直到 1 月 11 日為止的所有資料。

利用過去的實際數據執行需求預測的步驟如下（ **圖 2.9** ）。

1. 各門市依循慣例，以人工的方式預測 1 月 25 日當週的需求。

2. 收集 2017 年 1 月 1 日到 2021 年 1 月 17 日為止的資料。

3. 將收集到的資料分割成學習資料與測試資料。學習資料為 2017 年 1 月 1 日到 2021 年 1 月 4 日為止的資料，測試資料為 2021 年 1 月 11 日到 2021 年 1 月 17 日的資料。

4. 利用學習資料進行前置處理與學習模型。保留學習模型時的超參數。

5. 利用測試資料進行前置處理與評估模型。

6. 根據 **2.3.4 節** 定義的成功狀態評估模型，確認模型可付諸實用。視情況調整推論過程，找出無法應用機器學習的門市或飲料。

7. 根據學習資料預測 2021 年 1 月 25 日各門市與各飲料的需求。

8. 確認預測結果，確認有無與過去的實際數據大幅偏離的推論結果。如果出現離群值就予以調整或排除。

9. 將推論結果寄給各門市。

10. 確認各門市是否接受推論結果，如果接受的話，就根據推論結果向製造商下訂單，如果無法接受則根據 1. 的預測值下訂單。

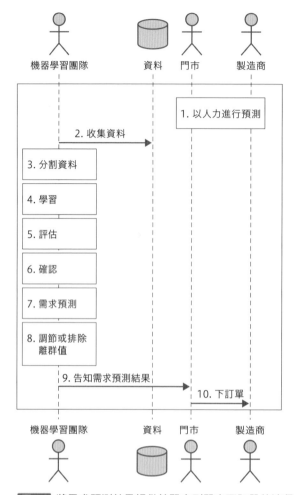

圖 2.9 將需求預測結果提供給門市到門市下訂單的流程。

這裡的重點在於比較機器學習的推論值與人力的預測值,判斷是否需要機器學習。就算機器學習模型非常優秀,但是人力的預測結果比較正確的話,繼續由人力預測才是比較正確的選擇。此外,說服各門市的店長或員工使用機器學習也是非常重要的一環。如果相關人士不願意使用機器學習,卻強迫他們使用的話,會讓員工失去工作意願,以及缺乏對工作的責任感(因為是被強迫使用,所以有問題也跟自己無關!),所以絕對得避開這種負面循環。換言之,需要在實際成績與心情的部分證明機器學習的實用性。

2021 年 1 月 25 日當週的推論結果可於統計銷售實際成績的 2 月 1 日(星期一)進行評估。此時同樣會根據 **2.3.4 節** 定義的成功狀態評估各門市、各飲料的推論值。有時會發生 RMSE 沒問題，但是實際數據與推論值的差距往負的方向偏離的情況，這代表大部分的門市可能都有庫存過多的問題。反之，如果出現往正的方向偏離的情況，代表 1 月 25 日當週的後期一直出現庫存不足的問題。在評估機器學習推論值的時候，不能只看數字，還必須根據推論結果找出各門市的潛在課題，研擬與執行解決方案，這也是專案應有的視野。

首先調查各門市各種飲料的單日銷售成績，確認是否有庫存不足的問題。也可以請教各門市的店長，哪些是他們覺得該解決的課題。由於是在 2 月 1 日之後調查課題，所以很難根據 2 月 1 日的推論結果實施解決課題的方案，但還是可以在隔週或是隔兩週之後，選擇工作流程與模型，以及執行解決課題的方案。為了讓 AI 商店能夠成功採用機器學習，這次除了收集資料與建置模型，還要設計整套系統的工作流程，以及員工建立互信關係，藉此解決業務問題。

進入正題，讓我們一起了解推論的過程吧。 圖 2.9 的工作流程的 1. ~ 6. 的部分與前述相同。接著要說明 圖 2.9 的 7. 需求預測的建置方式以及推論值，再說明比較 2021 年 1 月 25 日之後收集的實際數據與推論值的程式。推論的步驟如下。

1. 產生要推論的目標資料。
2. 調整資料的格式與進行前置處理。
3. 進行推論。
4. 儲存推論結果，調整為可提供給門市的格式。

第一步先產生要推論的目標資料。進行與時序有關的需求預測時，沒有所謂的目標資料，所以必須自行製造資料。就這次所需的資料的性質而言，目標資料可以是門市、商品、商品價格、年月日這類資料組成的資料。換言之，可建立各門市與各商品的組合，再替每個商品設定價格，接著根據要推論的日期（2021 年 1 月 25 日到 1 月 31 日）製作各門市各商品組合的資料。由於進行推論時，需要過去的實際數據，所以要在目標資料加入過去的實際數據，再依照由小至大的順序排列門市、商品、年月日這類資料。排序完成的資料請參考 圖 2.5 （P.053）。之後是替這類資料進行前置處理。前置處理與 2.3.4 節 說明的步驟相同，而這次使用的是於學習模型之際建立的前置處理管線。由於已在學習之際建立了前置處理管線，所以使用這個管線就能在學習模型與進行推論的時候，執行相同的前置處理。

由於這次使用的目標資料包含了不需推論的過去數據，所以要從前置處理的資料之中篩出目標資料。 程式碼 2.9 將推論器定義為 Predictor 類別，再以 filter 函數指定目標資料的期間。

程式碼 2.9 建置推論器

```python
# https://github.com/shibuiwilliam/building-ml-system/blob/develop/➡
chapter2_demand_forecasting_with_ml/stage0/ml/src/jobs/predict.py

from typing import List, Optional

import pandas as pd


class Predictor(object):
    def __init__(self):
        pass

    def filter(
        self,
        df: pd.DataFrame,
        target_year: int,
        target_week: int,
        target_items: Optional[List[str]] = None,
        target_stores: Optional[List[str]] = None,
    ) -> pd.DataFrame:
        # 以 target_year 與 target_week 篩選資料
        df = df[(df.year == target_year) & \
            (df.week_of_year == target_week)]
        if target_stores is not None and \
            len(target_stores) > 0:
            df = df[df.store.isin(target_stores)]
        if target_items is not None and \
            len(target_items) > 0:
            df = df[df.item.isin(target_items)]
        return df
```

篩出目標資料的區間之後，接著就是進行推論。只要呼叫代表學習完畢模型的 predict 函數就能開始推論。

推論完畢後，要將推論結果整理成方便人類閱讀的格式，也才能將推論結果提供給門市。推論結果只是各門市各種飲料的銷售數量的預測，也就是一堆數值，所以若不先行調整格式，人類是無法讀懂推論結果的。換言之，必須釐清哪些推論結果與哪間門市的哪項飲料對應。這次是在 Predictor 類別的 postprocess 定義這部分的處理。

接著讓我們繼續撰寫 Predictor 類別的推論處理程式（ 程式碼 2.10 ）。

程式碼 2.10 繼續撰寫推論器的程式

```python
# https://github.com/shibuiwilliam/building-ml-system/blob/develop/➡
chapter2_demand_forecasting_with_ml/stage0/ml/src/jobs/predict.py

from typing import List, Optional

import numpy as np
import pandas as pd
from src.dataset.schema import (
    BASE_SCHEMA,
    PREPROCESSED_SCHEMA,
    RAW_PREDICTION_SCHEMA,
    WEEKLY_PREDICTION_SCHEMA,
    X_SCHEMA,
)
from src.models.base_model import BaseDemandForecastingModel
from src.models.preprocess import DataPreprocessPipeline




class Predictor(object):
    def __init__(self):
        pass

    def postprocess(
        self,
        df: pd.DataFrame,
        predictions: np.ndarray,
    ) -> pd.DataFrame:
        # 調整資料的格式。
        df = df[
            [
                "year",
                "week_of_year",
                "store",
```

```
                "item",
                "item_price",
            ]
        ]
        df["prediction"] = predictions
        # 驗證推論結果的資料。
        df = WEEKLY_PREDICTION_SCHEMA.validate(df)
        return df

    def predict(
        self,
        model: BaseDemandForecastingModel,
        data_preprocess_pipeline: DataPreprocessPipeline,
        previous_df: pd.DataFrame,
        data_to_be_predicted_df: pd.DataFrame,
        target_year: int,
        target_week: int,
        target_items: Optional[List[str]] = None,
        target_stores: Optional[List[str]] = None,
    ) -> pd.DataFrame:
        # 驗證過去的資料。
        previous_df = BASE_SCHEMA.validate(previous_df)
        # 驗證目標資料。
        data_to_be_predicted_df = RAW_PREDICTION_SCHEMA.validate➡
(data_to_be_predicted_df)
        # 讓過去的資料與目標資料合併。
        df = pd.concat([previous_df, data_to_be_predicted_df])

        # 以週為單位，彙整資料。
        weekly_df = data_preprocess_pipeline.preprocess(x=df)
        # 替資料進行前置處理。
        x = data_preprocess_pipeline.transform(x=weekly_df)

        # 以特定的年份與週次篩選資料。
        x = self.filter(
            df=x,
            target_year=target_year,
            target_week=target_week,
            target_stores=target_stores,
            target_items=target_items,
        )
        # 驗證經過前置處理的資料。
        x = PREPROCESSED_SCHEMA.validate(x)
        # 刪除推論過程不需要的資料。
        x = (
            x[data_preprocess_pipeline.preprocessed_columns]
```

```
        .drop(["sales", "store", "item"], axis=1)
        .reset_index(drop=True)
    )
    # 驗證目標資料。
    x = X_SCHEMA.validate(x)
    # 推論。
    predictions = model.predict(x=x)

    weekly_df = self.filter(
        df=weekly_df,
        target_year=target_year,
        target_week=target_week,
        target_stores=target_stores,
        target_items=target_items,
    )
    # 將推論結果整理成單週資料後，進行後續的處理。
    weekly_prediction = self.postprocess(
        df=weekly_df,
        predictions=predictions,
    )
    return weekly_prediction
```

這次將資料前置處理、篩選處理、推論處理與後續處置全部放在 predict 函數之中。

如此一來就能透過機器學習建立需求預測模型，以及讓模型進行學習與推論，再將預測的食料銷售數量提供給門市。至於預測結果是否精確，必須等到該門市在該預測期間營業之後才知道。讓我們一起期待各家門市在 2021 年 1 月 25 日賣出多少飲料吧。

• • •

時光飛逝，現在已經是 2021 年 2 月 1 日了。讓我們比較預測的銷售數量與實際的銷售數量吧。這次會利用評估儀表板模式的 BI 儀表板將比較結果放在螢幕上。BI 工具的種類非常多，但本書為了要降低建置系統的門檻，打偵選擇通用性與知名度較高的 OSS，也就是 Streamlit（ URL https:// streamlit.io/）這套工具。Streamlit 是建立 Web 儀表板的函式庫，可直接透過 Python 的程式建立互動性極高的儀表板，還可以在發表儀表板之後，直接透過網頁瀏覽器存取。Streamlit 也包含一般的 Web UI（下拉式選單、按鈕、顯示圖片、顯示表單），也可建立一套比較機制，讓我們評估預測的銷售

數量與實際的銷售數量。此外，為了在螢幕顯示評估結果，這次要利用 Plotly
（ URL https://plotly.com/python/）繪製圖表。Plotly 是能在 Python 或
JavaScript 應用的圖表繪製函式庫，利用 Plotly 繪製的圖表可隨時排序與縮
放，再進行分析。

評估結果是實數，會以表單的方式在 Streamlit 之中顯示，而圖表的部分會
以 Plotly 繪製，再植入 Streamlit 之中。為了撰寫使用 Streamlit 的程式，
必須先決定要使用的函式庫與儲存程式的資料夾。照慣例，這次選擇 Docker
作為執行程式的環境，函式庫則利用 Poetry 管理。程式全部放在 src 資料夾
之中。儀表板畫面是於 view.py 撰寫，資料存取的部分則寫在 model.py 之
中，至於將資料轉換成螢幕顯示格式的邏輯則寫在 service.py 裡面，最後是以
main.py 呼叫上述這些處理。

資料夾與檔案的結構請參考 圖 2.10 。

```
bi
├── Dockerfile
├── poetry.lock
├── pyproject.toml
├── requirements.txt
└── src
    ├── __init __.py
    ├── configurations.py
    ├── logger.py
    ├── main.py
    ├── model.py
    ├── schema.py
    ├── view.py
    └── service.py
```

圖 2.10 資料夾與檔案的結構

由於程式以及檔案的量都不多，所以結構也如 圖 2.10 所示般簡潔。

model.py 與 service.py 只有載入 CSV 檔案的內容，再將該內容轉換成
pandas DataFrame 的處理，所以本書便不予說明。view.py 則是讓 pandas
DataFrame 的資料在儀表板畫面顯示的處理。Streamlit 的部分則是利用

程式碼 2.11 的內容，讓 pandas DataFrame 的內容以表單的方式在網頁裡面顯示，資料的部分則是利用 Plotly 繪製成圖表。

程式碼 2.11 利用 Streamlit 繪製儀表板

```python
# https://github.com/shibuiwilliam/building-ml-system/blob/develop/➡
chapter2_demand_forecasting_with_ml/stage0/bi/src/view.py
# 省略了部分冗長的處理。

from typing import List

import pandas as pd
import plotly.graph_objects as go
import streamlit as st
from plotly.subplots import make_subplots
from service import (
    ItemSalesPredictionEvaluationService,
    ItemSalesService,
    ItemService,
    StoreService,
)


# 顯示單日銷售數量。
def show_daily_item_sales(
    df: pd.DataFrame,
    stores: List[str],
    items: List[str],
):
    st.markdown("### Daily summary")
    # 顯示各門市資料。
    for s in stores:
        # 顯示各種飲料的資料。
        for s in stores:
            # 篩出目標資料。
            _df = (
                df[(df.store == s) & (df.item == i)]
                .drop(["store", "item"], axis=1)
                .reset_index(drop=True)
                .sort_values("date")
            )
            sales_range_max = max(_df.sales.max() + 10, 150)
            with st.expander(
                label=f"STORE {s} ITEM {i}",
                expanded=True,
```

```
        ):
                # 在螢幕顯示表單。
                st.dataframe(_df)

                # 在螢幕顯示圖表。
                fig = go.Figure()
                sales_trace = go.Bar(
                    x=_df.date,
                    y=_df.sales,
                )
                fig.add_trace(sales_trace)
                fig.update_yaxes(range=[0, sales_range_max])
                st.plotly_chart(fig, use_container_width=True)


# 顯示單週銷售數量的推論值。
def show_weekly_item_sales_evaluation(
    df: pd.DataFrame,
    year_week: str,
    aggregate_by: str,
    sort_by: str,
):
    st.markdown(f"### Weekly evaluation for {year_week}")
    if aggregate_by == "store":
        loop_in = df.store.unique()
        not_aggregated = "item"
    else:
        loop_in = df.item.unique()
        not_aggregated = "store"
    # 根據彙整條件顯示資料（各種飲料或是各家門市）。
    for li in loop_in:
        _df = (
            df[df[aggregate_by] == li]
            .reset_index(drop=True)
            .sort_values(
                [
                    "year",
                    "month",
                    "week_of_year",
                    sort_by,
                ]
            )
        )
        absolute_min = min(_df["diff"].min() - 50, -100)
        absolute_max = max(_df.sales.max(), _df.prediction.max()) + 100
```

```python
with st.expander(
    label=f"{aggregate_by} {li}",
    expanded=True,
):
    # 在螢幕顯示表單。
    st.dataframe(_df)

    # 在螢幕顯示圖表。
    fig = make_subplots(specs=[[{"secondary_y": True}]])
    sales_trace = go.Bar(
        x=_df[not_aggregated],
        y=_df.sales,
        name="sales",
    )
    prediction_trace = go.Bar(
        x=_df[not_aggregated],
        y=_df.prediction,
        name="prediction",
    )
    diff_trace = go.Bar(
        x=_df[not_aggregated],
        y=_df["diff"],
        name="diff",
    )
    error_rate_trace = go.Scatter(
        x=_df[not_aggregated],
        y=_df["error_rate"],
        name="error_rate",
    )
    fig.add_trace(
        sales_trace,
        secondary_y=False,
    )
    fig.add_trace(
        prediction_trace,
        secondary_y=False,
    )
    fig.add_trace(
        diff_trace,
        secondary_y=False,
    )
    fig.add_trace(
        error_rate_trace,
        secondary_y=True,
```

```
            )
            fig.update_yaxes(
                title_text="numeric",
                range=[absolute_min, absolute_max],
                secondary_y=False,
            )
            fig.update_yaxes(
                title_text="rate",
                range=[-1, 1],
                secondary_y=True,
            )
            st.plotly_chart(fig, use_container_width=True)


def build(
    store_service: StoreService,
    item_service: ItemService,
    item_sales_service: ItemSalesService,
    evaluation_service: ItemSalesPredictionEvaluationService,
):
    st.markdown("# Hi, I am BI by streamlit; Let's have a fun!")
    st.markdown("# Item sales record")

    container = init_container()
    bi = build_bi_selectbox()

    if bi is None:
        return
    # 各門市、各商品的銷售記錄。
    elif bi == BI.ITEM_SALES.value:
        show_daily_item_sales(
            df=container.daily_sales_df,
            stores=container.stores,
            items=container.items,
        )
    # 根據實際數據評估需要預測的精確度。
    elif bi == BI.ITEM_SALES_PREDICTION_EVALUATION.value:
        show_weekly_item_sales_evaluation(
            df=container.weekly_sales_eval,
            aggregate_by=container.aggregate_by,
            sort_by=container.sort_by,
        )
    else:
        raise ValueError()
```

Streamlit 可利用 streamlit 命令啟動儀表板。此時會自動將連接埠編號指定為 8501。在啟動 Streamlit 之後，利用網頁瀏覽器瀏覽 localhost:8501，就能開啟 Streamlit 的儀表板。 圖 2.11 為螢幕上的儀表板。

圖 2.11 Streamlit 的儀表板

報表分成兩種（ 圖 2.12 ）。

1. item_sales：各門市、各商品的銷售記錄。

2. item_sales_prediction_evaluation：根據實際數據評估需求預測的精確度的結果。

圖 2.12 報表選項

為了根據實際數據評估需求預測的精確度而開啟 item_sales_prediction_evaluation。排序表單與圖表，就能確認哪些門市或是飲料的需求預測結果與實際數據的差距較明顯。由於這裡的差距是以實際數據減去推論值算出，所以實際數據越比推論值來得大，差距就會往正的方向放大，反之，當實際數據越比推論值小，差距就會往負的方向縮小。換句話說，當這個差距為正數，代表實際的銷售數量高於推論值，兩者的差距越大，越容易遇到庫存不足或是損失銷售機會的風險，反之，當這個差距為負數，代表實際的銷售數量低於推論值，也就更容易遇到庫存過剩或是商品超過保存期限的風險。

接著讓我們將這個差距視為評估值，看看哪間門市的哪些飲料的差距較為明顯。由於一口氣將所有門市與所有飲料的評估值全放上螢幕，會很不容易瀏覽，所以讓我們將整體的資料整理成各門市資料（**圖 2.13**），再從畫面左側的 store 下拉式選單選擇要瀏覽的門市的資料。

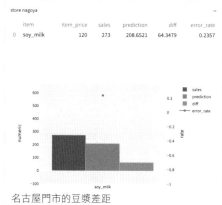

名古屋門市的豆漿差距
預測與實際結果的差距（diff）往正的方向偏離

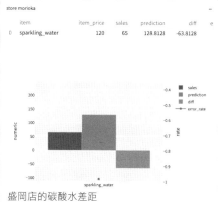

盛岡店的碳酸水差距
預測與實際結果的差距（diff）往負的方向偏離

圖 2.13 將整體資料整理為各門市資料

就所有門市的情況來看，預測值與實際結果的差距並不明顯，但是某些特定門市的特定飲料就出現了明顯的差距。比方說，名古屋門市的豆漿就是其中一例。實際結果減去推論值為 64，代表差距往正的方向偏離，意味著損失了銷售機會，至於盛岡門市的碳酸水則剛好相反，因為實際結果減去推論值為 -63，代表差距往負的方向偏離，也意味著遇到了庫存過剩的情況。這兩個值都不符合於 **2.3.5 節**定義的成功狀態，也就是不符合「2. 針對同時期全門市的各種飲料評估實際數據與推論值的差距，得到差距（實際數據 − 推論值）落在大於等於 -50（庫存過剩）、小於等於 +30（庫存不足）這個範圍的結果」這個狀態。目前還無法得知是剛好這次的推論結果出現明顯的誤差，還是今後會繼續出現如此明顯的誤差，不過可將「名古屋門市的豆漿」與「盛岡門市的碳酸水」列為要特別注意的項目，以及改善模型的重點。

2.4 需求預測系統與業務的工作流程

到目前為止,說明了透過機器學習預測需求,以及讓這個機器學習付諸實用的方法與程式,本節則要更進一步說明自動化系統的全貌與業務工作流程。

開發與執行系統或工作流程非常曠日廢時,而且在過程中,社會與事業也不斷地變化。要讓專案成功,就必須隨著大環境的改變不斷更新系統與工作流程。因此,接下來要將專案分成初期(2021 年 1 月 ~ 2021 年 6 月)與發展期(2021 年 7 月之後)這兩段期間,再分別說明這兩段期間的團隊、系統與工作流程。

2.4.1 專案初期的團隊、系統與工作流程（2021 年 1 月 ~ 2021 年 6 月）

專案初期的團隊只有 1 名機器學習工程師與 0.5 名軟體工程師,而帶領團隊的機器學習工程師負責收集與分析資料、與各門市聯絡、釐清工作流程、工作內容,以及將相關的工作指派給軟體工程師。軟體工程師則負責機器學習工程師不擅長的軟體開發(比方說,建置基礎建設或批次系統,以及檢視程式碼)。在專案的初期時,不需要將所有的系統做到完美的地步,而是要將心力放在真正需要的開發業務(打造精確度高於人類的需求預測系統,以及讓這套系統實用化),其他的系統(採用機器學習架構或是工作流程引擎)則可以在確定專案成功之後才行開發。就算建置了完善的機器學習架構,結果公司不打算使用機器學習的話,也只是白忙一場。於專案初期開發的機器學習模型的資料量或計算量不多,只需要使用筆記型電腦就能開發,所以當下可在機器學習工程師熟悉的開發環境開發即可。比方說,可以使用機器學習工程師的筆記型電腦開發,或是在雲端建置一台伺服器,以遠端存取的方式開發,唯獨開發的程式要利用儲存庫管理,避免只有機器學習工程師可以取得程式。

系統可以使用既有的系統,再準備要追加的東西。首先為大家列出必要的系統元件(表 2.7)。

表 2.7 必要的系統元件

系統名稱	既有、新增	說明
資料存儲	既有	儲存分析與開發模型所需的資料。目前是以 CSV 檔案的格式存放在公司內部分享空間
分析、學習系統	新增	分析資料、開發模型所需的系統。目前是使用機器學習工程師的筆記型電腦開發,所以要在機器學習工程師的筆記型電腦安裝需要的函式庫
推論值、評估管理系統	新增	管理學習完畢的模型、推論結果與實用化之際的評估結果的系統。目前會將這些內容轉存為 CSV 檔案,再存放至分享空間
儲存庫	新增	管理程式的儲存庫。AI 商店是利用 GitHub 管理,所以要在 GitHub 新增儲存庫
工作管理工具	新增	管理開發工作的系統。可在既有的工作管理系統建立工作空間
與門市聯繫的工具	既有	沿用公司內部聯絡工具 Slack

表 2.7 列出了開發需求預測模型以及將推論值分享給各門市所需的最低限度的系統。雖然有不少是「新增」的系統,但其實會沿用現有的工具或是基礎建設,所以不需要從零開始建置系統。如果想要打造高階自動化系統或是以團隊的方式開發系統,光是這張表格列出的系統可能稍嫌不足,但如果只是由 1.5 名工程師一邊與門市溝通,一邊進行開發的 PoC 專案,表格列出的系統應該已經綽綽有餘了。專案分期的目標是讓機器學習付諸實用,證明機器學習的效果,所以最重要的工作就是建立分析資料、開發模型、將推論結果分享給門市的工作流程,其他的系統或是工作都可以先緩一緩。

這次需要何種工作流程呢?從 **2.3.5 節**的說明便可知道,這次必須在限制時間之內預測飲料需求,以及將預測結果分享給門市,而這次的工作流程的課題在於在星期一之前,無法得到最新的資料,而且所有資料都是時序資料,所以當資料不夠新鮮,推論結果的精確度可能會下降。換言之,為了得到最精準的推論結果,最好能在星期一取得資料,並在星期一的時候預測下週的需求,所以此時必須思考該怎麼做,才能讓專案成員於星期一進行推論,再將推論結果分享給各門市,以及準備一個上述的工作流程無法維持時的備案。換句話說,當星期一為例假日或是機器學習工程師請病假的時候,上述的工作流程依舊得以運作，門市還是能依照推論結果決定適當的進貨量。此外，上述的工作流程有可能因為某些意外而無法運作，例如因為某些緣故而無法在星期一取得實際銷售數據，或是現有的機器學習模型突然無法正確預測，抑或公司內部的聯絡工具突然故障，無法將預測結果分享給各門市的時候，甚至因為大地震或其他天災導致沒有餘力執行工作流程的時候，都有可能導致工作流程無法正常運作。需求預測系統或是 AI 商店若是發生問題，來買飲料的顧客就有可能因為在 AI 商店買不到想要的商品而去其他的店家購買。如果能夠避免這類問題發生，就能避免損失銷售機會。

雖然天有不測風雲，但只要能未雨綢繆，就能防患於未然。

- 年初就能知道星期一是否為例假日，所以能調整行程，改在隔天的星期二進行推論，再將推論結果分享給各門市。假設是黃金週或是新年這類連假，則可以在前一週多進一些貨，或是直接根據前一週的需求預測結果進貨。由於 AI 商店是零售業，所以可採用補休的方式，讓員工在例假日上班。唯一要注意的是，要事先確定製造商能在例假日的時候接受訂單。

- 可先將上述的工作流程整理成文件，軟體工程師就能在機器學習工程師請病假的時候接受。也可以透過「結對編程」（Pair Programming）的方式分享建置推論環境與進行推論的步驟，讓軟體工程師了解整個工作流程。

- 如果無法在星期一取得實際銷售數據，或是聯絡工具突然故障，若能在星期二修復，就於星期二分享推論值，不然就是只能請各門市自行預測。

- 假設現有的機器學習模型無法正確預測，代表資料的傾向改變（就是所謂的資料飄移或是概念飄移），此時有可能得追加資料、採用不同的前置處理、微調參數或是重新開發模型。要是這麼做還是無法得到正確的推論結果，有可能得在開發新的機器學習模型之前，先沿用舊的模型，或是根據上一週的預測結果決定進貨量。

- 如果發生了嚴重的天災，當然要以人命為優先，而不是關心進貨量或是門市能否正常運作這些事情。

這些難以避免的意外都會造成庫存不足，損失銷售機會的問題，或是庫存過剩，商品超過保存期限的問題。事先擬定對策不代表能全身而退，但至少能避免最糟糕的情況發生。建議與各門市負責進貨的人或店長一起研擬與執行這類對策。

🔲 2.4.2　專案發展期的團隊、系統與工作流程 （2021 年 7 月之後）

在專案剛開始的時候，目標是證明機器學習的效果，所以會利用機器學習預測需求，再將預測的結果分享給各門市，判斷機器學習是否可付諸實用，所以才需要建立工作流程或是維護工作流程的方式，以及與門市的人員一起衡量機器學習的效果。證明機器學習有效之後，就能於公司的主要業務使用機器學習預測需求，而接下來就有很多條路可以選擇。

1. 讓工作流程自動化，開發讓工作流程更有效率的系統。
2. 預測其他商品的需求，改善公司進貨流程與庫存管理系統。
3. 在需求預測之外的業務應用機器學習。
4. 只以現行的系統繼續預測飲料的需求（維持現狀）。

要選擇哪條路端看公司的方針或是工程師的資源。如果有比預測需求更重要的工作，可選擇 3 或是 4，讓機器學習團隊參與其他的專案，不然就是解散機器學習團隊，將團隊成員調到其他團隊。選擇 3 或是 4 的話，團隊成員有可能會為了負責需求預測之外的業務而無力維持或改善需求預測的工作流程。明明利用需求預測系統改善了飲料的進貨流程，卻無力維護或改善的話，有可能無法得到系統發佈之際的效果。其實有許多專案都只以發佈系統為終點，沒能繼續維護系統，但我們不能忘記的是，軟體在開發的時候，無法產生經濟價值，只有在正式上線之後，才能創造經濟價值。換句話說，要讓軟體進入業務流程，才能增加業績或是降低成本。就算在開發軟體的時候，將目標訂為增加業績或是降低成本，也無法真的增加業務或是降低成本。一旦在軟體上線之後，就不再思考或解決軟體或業務的潛在問題，軟體的效果就會變差，最終成為一種技術負債。這種現象也會在機器學習付諸實用的過程發生。既然好不容易開發了機器學習系統，就應該試著改善系統，讓系統發揮更大的效果。

因此我們該選的是 1 或 2 這兩條路的其中一條。機器學習團隊的資源往往無法同時選擇這兩條路。這次是以 1 名機器學習工程師與 0.5 名軟體工程師開發系統，而且還得持續執行需求預測業務，所以無法像剛開始的時候，投入所有精力或時間開發模型。各門市也會對需求預測的結果給予回饋，所以要繼續開發模型，就必須提升工作流程的效率或是強化團隊。

● 提升工作流程的效率

要提升工作流程的效率，就要從現行的工作流程之中排除多餘的工作，以及找出可以自動化的工作。第一步，可先檢視手動執行的工作。以現狀來看，從資料分享空間取得資料、進行學習與推論、新增資料，以及將資料分享給各門市的工作流程，全是由工程師手動執行，換句話說，只要讓工作流程之中的某項工作自動化，就能提升工作流程的效率。

要讓工作自動化就必須先在伺服器建置各元件。到目前為止，機器學習工程師都是在本地端環境下載資料（CSV 檔案），再以這些資料進行學習與推論，然後將推論結果分享給各門市。如果機器學習工程師不啟動程式，這個工作流程就無法運作。如果能將執行各工作的環境移植到雲端的伺服器，就能讓機器學習預測需求的流程自動化，以及開發每個人存取資料。

● 建置工作流程執行環境

接下來要移植執行工作流程的環境，但本書不打算使用雲端服務，而是打算利用 OSS 建置誰都能使用的執行環境，所以選擇了 Kubernetes Cluster 這套工具（**第 3 章**也會進一步說明 Kubernetes Cluster 的應用方式）。各種雲端服務也內建了以 Docker 容器為基礎架構的無伺服器服務（例如 AWS Fargate、Google 的 Cloud Run），這些服務可代替 Kubernetes Cluster，快速建置容器。不過，各雲端服務的無伺服器服務的規格都不一樣，而依照這些規格建置工作流程，並非本書的方針，所以不予採用。接下來會說明以 Kubernetes Cluster 建置系統的流程，但是也要請大家記得，使用各種雲端服務也能以不同的架構打造相同的系統。

接著讓我們思考一下，要將工作流程移植到 Kubernetes Cluster，需要何種架構。到目前為止，我們取得的資料都是 CSV 檔案，推論結果也都儲存為 CSV 檔案。為了讓資料能於其他的資料分析或業務使用，應該停止將資料儲存為 CSV 檔案，而是要改以資料庫管理資料。BI 儀表板的 Streamlit 可在系統移植到 Kubernetes Cluster 之後，讓公司內部的使用者以網頁應用程式的方式存取資料。MLflow 也一樣能於 Kubernets Cluster 建置 MLflow Tracking Server，機器學習的學習與推論則可設定為定期執行的排程。

在將系統移植到 Kubernetes Cluster 的時候，要先將必須不斷執行的元件與偶爾需要執行的元件分開來。以這次的系統為例，資料庫、MLflow Tracking Server、BI 儀表板都屬於需要不斷執行的元件，而將資料新增至資料庫或是機器學習的元件則是在需要執行的時候才執行的工作排程，前者可利用 Kubernetes 的 Deployment 與 Service 建置，後者可利用 Argo Workflows 建置。採用 Argo Workflows 的方法會在後面進一步說明。

整個系統的架構可參考 圖 2.14 的示意圖。

這次使用的資料庫為 PostgreSQL。PostgreSQL 伺服器通常會於 Kubernetes Cluster 部署。要讓資料永遠保存，可使用雲端服務提供的資料庫服務，或是部署實用性極高的架構。這次為了簡化流程，決定以單一架構的方式，在 Kubernetes Cluster 建置系統。

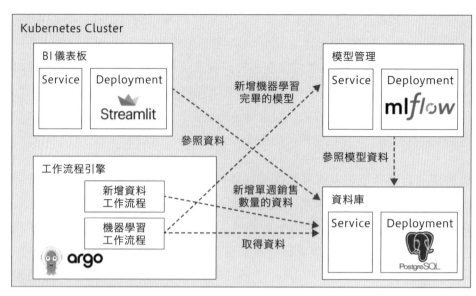

圖 2.14 利用 Kubernetes 建置的工作流程執行環境

需要不斷執行的元件的 Kubernetes manifest 請參考 程式碼 2.12 。

程式碼 2.12 隨時執行 MLflow 的元件的 manifest

```
# https://github.com/shibuiwilliam/building-ml-system/blob/develop/➡
chapter2_demand_forecasting_with_ml/stage1/infrastructure/manifests/➡
mlflow/mlflow.yaml

apiVersion: apps/v1
kind: Deployment
metadata:
  name: mlflow
  namespace: mlflow
  labels:
    app: mlflow
spec:
  replicas: 2
  selector:
    matchLabels:
      app: mlflow
  template:
    metadata:
      name: mlflow
      namespace: mlflow
      labels:
        app: mlflow
```

```
    spec:
      containers:
        - name: mlflow
          image: shibui/building-ml-system:➡
beverage_sales_forecasting_mlflow_1.0.0
          imagePullPolicy: Always
          command:
            - "mlflow"
            - "server"
          ports:
            - containerPort: 5000
      imagePullSecrets:
        - name: regcred

---
apiVersion: v1
kind: Service
metadata:
  name: mlflow
  namespace: mlflow
  labels:
    app: mlflow
spec:
  ports:
    - port: 5000
  selector:
    app: mlflow
```

部署上述的 manifest 就能讓系統自動啟動與運作。

新增資料的處理與機器學習的部分就以 Argo Workflows 的排程執行。Argo Workflows 的排程與 Kubernetes 相同，都是以 YAML 格式的 manifest 定義，這部分的內容可參考本節後半段的 程式碼 2.13 。

Argo Workflows 可利用 cron 在指定的時間執行排程。設定了 cron 的排程會於指定的日期與時間自行啟動。以這次的飲料需求預測為例，會在每週星期一上午 9:00 執行新增資料處理，新增各門市提供的單週銷售數量的資料，至於機器學習的學習與推論則預設於該星期一的下午 13:00 進行。雖然新增資料處理只需要幾分鐘就能完成，但是若無法成功新增資料，或是因為某些緣故而拖延，機器學習的排程就無法開始，所以才特別預留了四個小時。機器學習的推論結果必須在星期一的 16:00 之前提供給各門市。以這次的資料量來看，大概只需要一個小時就能完成學習與推論，但為了保險一點，決定在 13:00 就開始進行學習與推論。只要需求預測的結果能於 16:00 之前提供給各門市就不會有任何問題。各門市取得需求預測的結果之後，若認為沒問題即可根據這個結果向廠商下訂單，如果覺得有問題，則由店長自行判斷進貨量。機器學習的推論結果會於資料庫儲存，所以能在下週星期一與實際的銷售數量比較，以及評估推論結果的精確度。

在將資料新增至資料庫的時候，會先取得 CSV 格式的原始資料，接著在 Python 進行彙整，然後新增至 PostgreSQL 的各個表單。資料與表單之間的關係請參考 圖 2.15 的 ER 圖。

飲料需求預測的 ER 圖

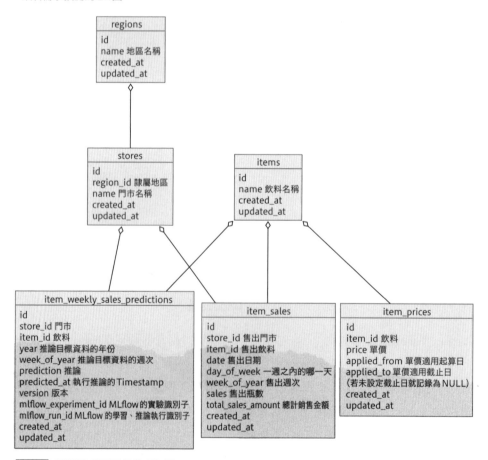

圖 2.15 新增需求預測值的 ER 圖

銷售數量（item_sales）表單儲存了各門市、各種飲料的單日銷售數量，而推論（item_weekly_sales_predictions）表單則儲存了個市、各種飲料的單週預測銷售數量，這是因為以週為單位進行推論。評估精確度的部分會先將單日銷售數量彙整為單週銷售數量再於 Streamlit 顯示。

機器學習的部分則是先取得於銷售數量表單儲存的銷售數量，再進行學習與推論。由於學習與推論的程式與專案初期的程式相同，所以不予以說明。推論結果會新增至推論表單。推論表單內建了 version 屬性，以便在特定週進行多次推論時，辨識推論結果。version 屬性會對該週的每個推論結果指派編號。第一次的推論結果的編號為 0，之後依照 1、2、3 的順序編號。version 的最大值為最新的推論結果。此外，推論表單還有 MLflow 的 expeiment_id（於 MLflow 管理的實驗單位）與 run_id（於 MLflow 管理的執行單位 ID）。如此一來，只要追蹤 MLflow 的記錄或資料，就能檢驗學習或推論的狀況。

於下週星期一取得銷售數量之後，便可評估推論結果。這份銷售數量不只是下次推論所需的學習資料，也是評估推論結果的資料。為了持續評估推論結果，這次使用了 Streamlit 的儀表板。Streamlit 可取得銷售數量與推論的資料，再比對門市、飲料與週次，以及在螢幕顯示預測值與實際值的落差。就算資料來源不同，儀表板的畫面還是能與專案剛開始的時候一樣，顯示預測值與實際值的落差（ 圖 2.16 ）。

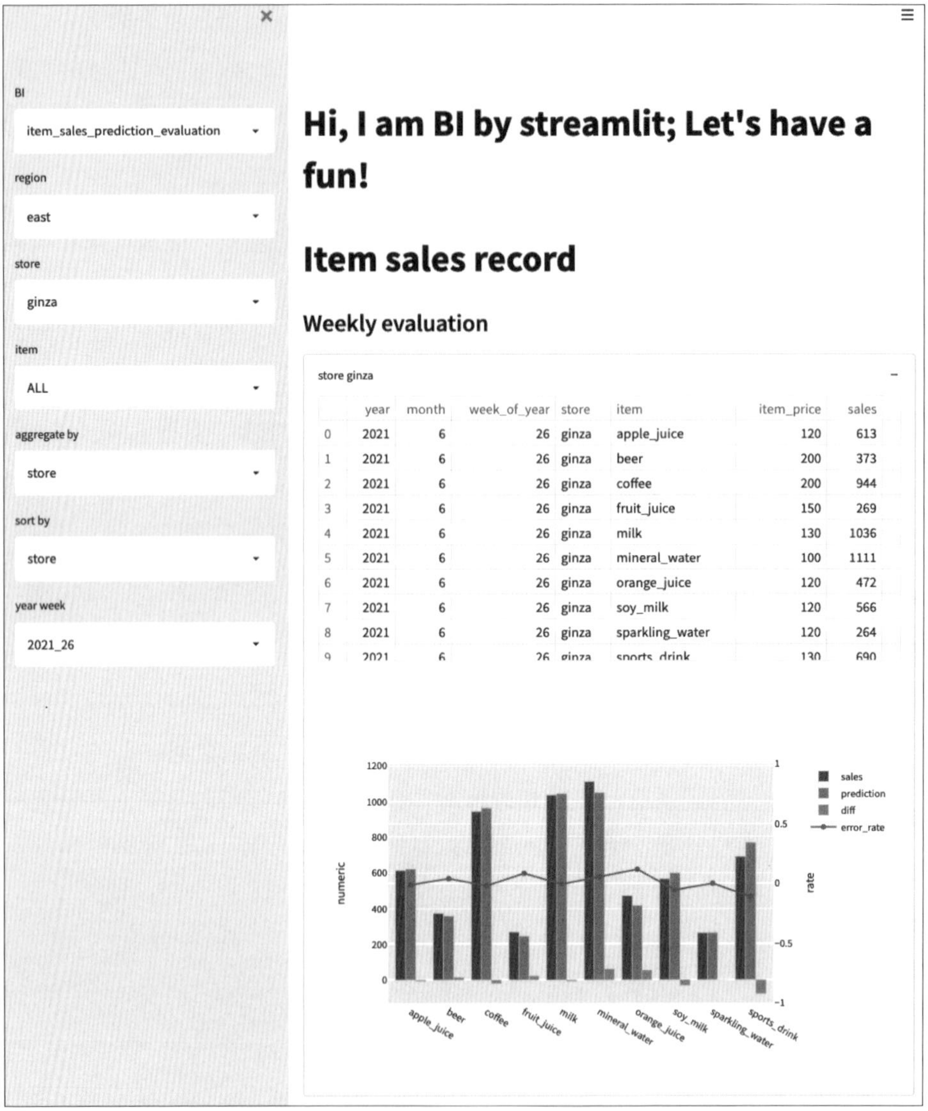

圖 2.16 儀表板的畫面

經過上述的步驟之後，就能在 Kubernetes Cluster 部署工作流程與執行程式，驅動各種元件。我們通常會在開發軟體的第一線將在本地端環境開發的系統移植至 Kubernetes Cluster 或是雲端。雖然本書介紹了移植機器學習系統的方法，但其實移植機器學習的過程沒有想像中的特別。

● 建置工作流程引擎

接著要讓工作流程自動化。

讓工作流程自動化的重點在於選擇適當的工作流程引擎。所謂的工作流程引擎就是管理批次或排程的架構，資料管線或是機器學習管線通常都會於工作流程引擎建置。工作流程引擎的 OSS 有 AirFlow、Argo、Prefect、Luigi，如果是於雲端使用的工作流程引擎，則以 Google Cloud Composer 或是 AWS Step Functions、Azure Pipeline 這類服務莫屬。專為機器學習管線設計的架構則包含 KuberFlow Piplelines、Google Vertex AI Pipelines、gokart。每種軟體或服務的執行方式都不同，但都具有將多個排程串成一個工作流程的功能。在這次讓飲料需求預測自動化的過程中，也同樣可以使用工作流程引擎。

真正該煩惱的是該選擇哪種工作流程引擎。這次的工作流程包含資料處理、讓機器學習進行學習、推論以及新增與分享推論結果，而且本書希望盡可能以 OSS 建置，不想使用特定的付費雲端服務，而且本書也不是說明工作流程引擎的書籍，所以不會選擇需要不斷講解功能或使用方法的軟體。基於上述條件來看，最適合的工作流程引擎為 Argo Workflows（ URL https://argoproj.github.io/argo-workflows/）。

Argo Workflows 是於 Kubernetes Cluster 驅動的 OSS 工作流程引擎。工作流程可仿照 Kubernetes Manifest 寫成 YAML 格式的 Manifest，工作流程本身可利用 argo 命令（ URL https://github.com/argoproj/argo-workflows/releases）啟動。Argo Workflows 的全貌示意圖可參考 圖 2.17 。

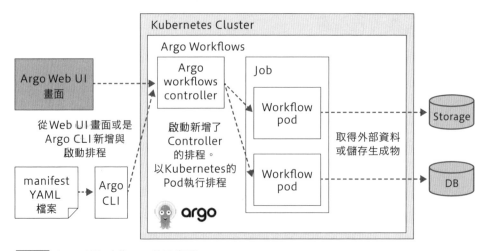

圖 2.17 Argo Workflows 的示意圖

接著要利用 Argo Workflows 自動化工作流程。第一步要先在 Kubernetes Cluster 建置 Argo Workflows。

先為大家說明在 Kubernetes Cluster 建置 Argo Workflows 的架構。Argo Workflows 內建的資料庫為 PostgreSQL，介面為 Web UI，還有以 argo 命令操作的介面。內部則有管理工作流程的 Workflow Controller，也會在接受到 Web UI 或 argo 命令傳來的工作流程排程執行要求之後，以 Kubernetes pod 的方式啟動排程。這些元件在 Kubernetes 之中都是以 Custom operator 部署。

相關細節可參考下列的官方文件。

- **Argo Workflows - The workflow engine for Kubernetes**

  URL https://argoproj.github.io/argo-workflows/architecture/

在 Kubernetes 部署 Argo Workflows 的方法可參考 GitHub 的官方說明。

- **argoproj/argo-workflows**

  URL https://argoproj.github.io/argo-workflows/quick-start/

在 Kubernetes 安裝 Argo Workflwos 之後，下列的資源會於 Kubernetes Cluster 部署。

〔命令〕

```
$ pwd
~/building-ml-system/chapter2_demand_forecasting_with_ml/stage1

$ kubectl \
    -n argo apply \
    -f infrastructure/manifests/argo/argo_clusterrolebinding.yaml

$ kubectl \
    -n argo apply \
    -f https://github.com/argoproj/argo-workflows/releases/download/➡
v3.3.1/quick-start-postgres.yaml

$ kubectl -n argo get pods,deploy,svc
NAME                                      READY   STATUS
pod/argo-server-89b4c97d-czk84            1/1     Running
pod/minio-79566d86cb-65jsq                1/1     Running
pod/postgres-546d9d68b-wl8bd              1/1     Running
pod/workflow-controller-59d644ffd9-j2cls  1/1     Running


NAME                                      READY   UP-TO-DATE
deployment.apps/argo-server               1/1     1
deployment.apps/minio                     1/1     1
deployment.apps/postgres                  1/1     1
deployment.apps/workflow-controller       1/1     1


NAME                                      TYPE       PORT(S)
service/argo-server                       ClusterIP  2746/TCP
service/minio                             ClusterIP  9000/TCP
service/postgres                          ClusterIP  5432/TCP
service/workflow-controller-metrics       ClusterIP  9090/TCP
```

這次沒有加入在網路發佈 Kubernetes Cluster 的 Argo Workflows 使用者介面所需的設定，所以要存取 Kubernetes Cluster 的 Argo Workflows 必須以 port-forward 與 Argo Workflows 的服務連線。

〔命令〕

```
$ kubectl -n argo port-forward service/argo-server 2746:2746 &
```

Argo Workflows 的 Web UI 的連接埠為 2746。這下來要以網頁瀏覽器存取 Argo Workflows 的 Web UI。

- **Argo Workflows** の **Web UI**

  URL https://localhost:2746/

如此一來，就建置了 Argo Workflows 這個工作流程引擎，也能存取這個工作流程引擎了。接著要於 Argo Wrokflwos 搭載需求預測的工作流程。

● 讓需求預測工作流程自動化

讓需求預測處理常駐的元件已於 Kubernetes Cluster 部署。接著要在 Argo Workflows 搭載執行排程的元件（新增資料的處理與執行機器學習的元件）。

新增資料處理與執行機器學習的處理都是於 Docker 容器執行，而這個 Docker 容器會以 Kuernetes Job 的方式啟動，執行流程則會於 Argo Workflows 建置。機器學習的工作與新增資料的工作連動，所以這次在 Argo Workfllows 建置工作流程時，會先執行新增資料的工作，再執行機器學習工作（ 程式碼 2.13 ）。

程式碼 2.13 新增資料與機器學習的工作流程的 Manifest

```
# 新增資料。
# https://github.com/shibuiwilliam/building-ml-system/blob/develop/➡
chapter2_demand_forecasting_with_ml/stage1/infrastructure/manifests/➡
argo/workflow/data_registration.yaml


apiVersion: argoproj.io/v1alpha1
kind: CronWorkflow
metadata:
  generateName: data-registration-pipeline-
spec:
  # 資料會於星期一早上九點新增。
  schedule: "* 9 * * 1"
  concurrencyPolicy: "Forbid"
  startingDeadlineSeconds: 0
  workflowSpec:
    entrypoint: pipeline
    templates:
      - name: pipeline
        steps:
          - - name: data-registration
```

```
                    template: data-registration
        - name: data-registration
          initContainers:
            - name: data-registration-init
              image: shibui/building-ml-system:➡
beverage_sales_forecasting_data_registration_1.0.0
              imagePullPolicy: Always
              command:
                - bash
                - -c
                - |
                  mkdir -p /opt/data/
                  wget https://storage.googleapis.com/beverage_sales_➡
forecasting/data/item_sale_records_202107_202112.csv -P /opt/data/
              volumeMounts:
                - mountPath: /opt/data/
                  name: data
          container:
            image: shibui/building-ml-system:beverage_sales_➡
forecasting_data_registration_1.0.0
            imagePullPolicy: Always
            command:
              - "python"
              - "-m"
              - "src.main"
              - "--item_sales_records_path"
              - "/opt/data/item_sale_records_202107_202112.csv"
              - "--latest_week_only"
            env:
              # 省略。
            volumeMounts:
              - mountPath: /opt/data/
                name: data
          volumes:
            - name: data
              emptyDir: {}


---


# 利用機器學習進行學習與推論。
# https://github.com/shibuiwilliam/building-ml-system/blob/develop/➡
chapter2_demand_forecasting_with_ml/stage1/infrastructure/manifests/➡
argo/workflow/ml.yaml
```

```
apiVersion: argoproj.io/v1alpha1
kind: CronWorkflow
metadata:
  generateName: ml-pipeline-
spec:
  # 機器學習的部分會於星期一的 13:00 執行
  schedule: "* 13 * * 1"
  concurrencyPolicy: "Forbid"
  startingDeadlineSeconds: 0
  workflowSpec:
    entrypoint: pipeline
    templates:
      - name: pipeline
        steps:
          - - name: ml
              template: ml
      - name: ml
        container:
          image: shibui/building-ml-system:➡
beverage_sales_forecasting_ml_1.0.0
          imagePullPolicy: Always
          command:
            - "python"
            - "-m"
            - "src.main"
          env:
            # 省略。
```

這個工作流程需根據執行日期調整學習與推論的資料的期間,所以要先取得執行日期(也就是星期一),接著將截至執行日期兩週前的資料視為學習資料,以及將一週前的資料視為評估資料,讓機器學習根據這兩份資料進行學習,以及推論兩週之後的需求。

工作流程可利用下列的命令新增至 Argo Workflows。

〔命令〕

```
$ pwd
~/building-ml-system/chapter2_demand_forecasting_with_ml/stage1

# 新增資料排程。
$ argo cron create infrastructure/manifests/argo/workflow/ ➡
data_registration.yaml
Name:                      data-registration-pipeline-rfk5h
Namespace:                 default
Created:                   Sat May 28 16:24:07 +0900 (now)
Schedule:                  * 9 * * 1
Suspended:                 false
StartingDeadlineSeconds:   0
ConcurrencyPolicy:         Forbid
NextScheduledTime:         Sat May 28 16:30:00 +0900 ➡
(5 minutes from now) (assumes workflow-controller is in UTC)

# 新增機器學習排程。
$ argo cron create infrastructure/manifests/argo/workflow/ml.yaml
Name:                      ml-pipeline-64ndj
Namespace:                 default
Created:                   Sat May 28 16:24:07 +0900 (now)
Schedule:                  * 13 * * 1
Suspended:                 false
StartingDeadlineSeconds:   0
ConcurrencyPolicy:         Forbid
NextScheduledTime:         Sat May 28 16:30:00 +0900 ➡
(5 minutes from now) (assumes workflow-controller is in UTC)
```

由於新增資料與執行機器學習的工作流程都以 CronWorkflow 建置，所以會自動執行排程。

學習記錄與推論結果可於 MLflow Tracking Server 與 Streamlit 確認，兩者都可利用 port-forward 連線，再以網頁瀏覽器瀏覽資料。MLflow Tracking Server 的學習記錄與推論結果可利用下列的命令確認內容（ 圖 2.18 ）。

〔命令〕

```
$ kubectl -n mlflow port-forward service/mlflow 5000:5000 &
```

從 圖 2.18 的 predict_year 與 predict_week 的參數可以知道是推論 2021 年第 26 週（6 月 28 日至 7 月 4 日）的模型。

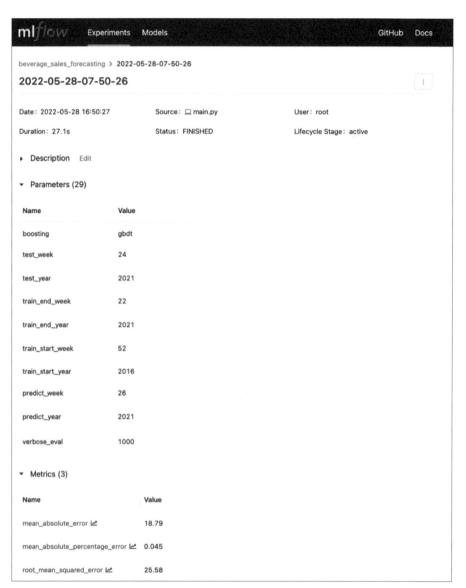

圖 2.18 MLflow Tracking Server 的學習記錄與推論記錄

推論結果與實際數據的比較結果可於 Streamlit 瀏覽。Streamlit 也可利用 port-forward 連線。

〔命令〕

```
$ kubectl -n beverage-sales-forecasting port-forward service/bi ➡
8501:8501
```

可於 圖 2.19 的這種畫面確認比較結果。從中可以發現，雖然預測值與實際數據有落差，但是落差卻不明顯。

圖 2.19 推論結果與實際數據的比較

為了在每週星期一執行這個在 Argo Workflows 建置的工作流程，所以將這個工作流程新增至 cron。接著讓我們確認是不是會在下個星期一執行這個排程，執行新增資料處理與機器學習吧。

● 強化機器學習團隊

到目前為止，說明了讓工作流程自動化，提升作業效率的方法。本章的最後要簡單地說明強化機器學習團隊的方法。

增加團隊成員的方法有很多種。

> 1. 從外部招募。
>
> 2. 從公司其他部門調來。
>
> 3. 業務委託。

這三種方法都能增加團隊成員，但增加的方式以及管理團隊的方式都不一樣。

以外部招募的方式而言，必須挑選適當的工程師。比方說，在徵才網站或是社群媒體公開徵才，讓更多優秀的工程師知道 AI 商店的機器學習團隊有多麼厲害。也可以在自家公司舉辦交流會這類活動，或是於外部的會議公開招募。不過 AI 商店的知名度還不夠，工程師應該不太會想跳槽到名不見經傳的企業，尤其是優秀的工程師，一定是良禽擇木而棲，所以宣傳在 AI 商店的機器學習團隊工作有哪些魅力與好處也顯得非常重要。如果公司內部有員工認識優秀的工程師，也可以請該名員工幫忙引介。

如果有工程師來應徵，接著就是審查文件以及面試，當然也可利用程式設計考試衡量對方的實力。最理想的情況當然是聘請能夠立刻派上用場的工程師，但情況往往不會這麼順利。有時會遇到在面試過程中提出待遇之後，面試者主動放棄的情況。一般來說，從招募到提出待遇，以及實際來上班，大概需要三至六個月才會塵埃落定，而且跳槽進來的工程師也需要一定的時間才能熟悉公司與系統，所以大概要等幾週甚至是幾個月才能對機器學習專案做出貢獻，而且這還是在專案的情況沒有任何變動的情況。從外部聘請工程師是非常重要的工作，但是如果實在太缺人手，這種招募方式恐怕遠水救不了近火。

那麼從公司其他部門調來工程師的方式又如何？如果公司內部有充沛的工程師人材，當然可以招募想要參與機器學習專案的工程師。每間企業調動人力的準則都不同，但通常都會由招募方與應聘方進行面談，如果相談甚歡，才會調任到機器學習團隊。有些公司的團隊文化很棒，團隊之間常有機會交流。此外，如果人力不足，也可利用外借的方式，讓那些對機器學習有興趣的工程師幫忙機器學習團隊的工作。如果真能透過調動人力的方式解決機器學習團隊人力不足的問題，那麼這個方法絕對比從外部聘請工程師來得簡單有效。

至於業務委託的方式，就是以委任的方式，請工程師加入專案，而此時的工程師可以是自由接案者，也可以是派遣公司的人力，不然就是其他企業的工程師出來接案賺外快。如果能將業務交給經驗豐富的工程師，對於原本的團隊成員而言，絕對是一大福音。不過，這種方式往往會遇到外聘的工程師無法全力配合的課題。以工程師接外快的情況來說，這類工程師通常有正職，只能利用空的時間工作，而且通常都是在晚上或假日工作，如此一來機器學習團隊的成員就必須配合外聘的工程師，外聘的工程師才能有效率地工作。此外，機器學習團隊還得與外聘的工程師分享資訊，指派工作。雖然這種方式可以請到優秀的工程師參與專案，卻也得花時間管理團隊。

到目前為止，本書介紹了一些強化機器學習團隊的方法與難題。如果不想辦法增加成員，就無法推動新專案或是開發新產品，甚至有可能遇到機器學習專案喊停的危機。聘請正職員工或是外聘工程師都取決於公司的方針與預算。工程師無法說聘請就聘請，通常得經過一連串的篩選以及提供待遇的關卡。由於這部分與技術無關，所以有些工程師很不擅長面對這一連串的考核。可是，若不持續招募人材，就無法找到足夠的人力，執行新的解決方案，所以除了機器學習之外，通常得持續公開招募工程師的活動。

2.5 總結

本章說明了 AI 商店在推動第一個機器學習專案之際,讓機器學習付諸實用所需的工作流程與開發機器學習系統的方法,也說明了建置團隊的方法。常有人說,要讓機器學習於業務應用,需要完成機器學習以外的各種工作,但想必大家已經知道關於應用機器學習的部分現況。如果這本章的內容能在大家第一次推動機器學習專案以及開發機器學習系統的時候助大家一臂之力,那真是作者的榮幸。

下一章要說明在其他業務應用機器學習的方法。

CHAPTER 3

利用動物圖片應用
程式建置違規內容
偵測系統

應用機器學習的場景非常多，其中之一就是智慧型手機應用程式。在智慧型手機普及，各種工具都可透過智慧型手機使用的現代，已透過機器學習提升智慧型手機的便利性與安全性。**第 3 章**與**第 4 章**將利用機器學習開發安全與便利的動物圖片分享智慧型手機應用程式「AIAnimals」。這個虛構的 AIAnimals 是可讓使用者上傳與瀏覽動物圖片的應用程式。有些使用者會上傳一些違反公共秩序與善良風俗的圖片，而這些違規都會導致 AIAnimals 的使用者體驗變糟，AIAnimals 的經營團隊也禁止這類違規行為，一經發現就會立刻處理。**第 3 章**會透過機器學習打造偵測違規圖片的系統。接下來為大家說明偵測違規圖片系統的要件定義、工作流程、開發模型與軟體方法，最後還會說明評估效果的步驟。

3.1 動物圖片應用程式的概要

第 3 章與第 4 章要說明機器學習與智慧型手機應用程式搭配的方法。雖然是以智慧型手機應用程式為主題，但除了智慧型手機之外，整套系統還包含 Web API、工作流程引擎、機器學習架構，是於大部分網頁服務或是智慧型手機應用程式應用的架構。

這次要開發的是透過智慧型手機分享動物圖片的應用程式 AIAnimals（ URL https://github.com/shibuiwilliam/building-ml-system/tree/develop/chapter3_4_aianimals）。AIAnimals 是本書為了建置機器學習系統所製作的 Android 範例應用程式。此外，AIAnimals 目前只有 Android 版，還沒有 iOS 版與 Web 版，也還沒有在 Android 的 Play Store 公佈。AIAnimals 的資料都是作者製作的資料或是作者根據公開的資料製作的資料。部分的資料集則使用了 The Oxford-IIIT Pet Dataset。

- **The Oxford-IIIT Pet Dataset**

  URL https://www.robots.ox.ac.uk/~vgg/data/pets/

The Oxford-IIIT Pet Dataset 包含了 7000 張以上的貓狗圖片，是專為圖像辨識設計的資料集，每張圖片都有狗狗、貓咪與品種（例如布偶貓）的標籤，作者也另外追加了日語的標題與說明（ 圖 3.1 ），以及虛構的應用程式使用者、使用者的操作記錄（存取動物圖片的記錄）以及「按讚」。

資料	
ID	ccf57b7bdcfb4792ade8b159d3998f09
檔案名稱	ccf57b7bdcfb4792ade8b159d3998f09.jpg
類別	貓咪
品種	布偶貓
貼文板主	stevenson_ai
貼文標題	迷死人
說明內容	偶然遇見的可愛貓咪，真的是迷死人了！
圖片 URL	https://storage.googleapis.com/aianimals/images/ccf57b7bdcfb4792ade8b159d3998f09.jpg
貼文時間	2021-02-16T04:22:47.579674
按讚數	13

圖 3.1 AIAnimals 的資料範例

接著要說明以動物圖片應用程式 AIAnimals 與資料集建置正式服務的機器學習系統的方法。

🔷 3.1.1 AIAnimals

AIAnimals 是開放使用者上傳動物圖片，為圖片加上說明，分享圖片給其他使用者的公佈欄應用程式（ **圖 3.2** ）。使用者可上傳物的照片或是在路邊拍到的可愛動物的照片，而這些照片會透過應用程式開放給使用者瀏覽。AIAnimals 是於 2021 年 1 月 1 日發表的應用程式，到 2021 年 10 月之際，使用者人數已經接近 3,000 人，活躍使用者的人數也達 500 人左右。上傳的動物圖片以貓狗為主，總計已經超過 7,000 張左右。使用者人數與圖片數量雖然還不多，卻是具有成長潛力的應用程式。

圖 3.2 AIAnimals

AIAnimals 的商業模式為應用程式之內的廣告，只要有使用者點擊廣告，就能得到廣告分潤，如果有許多使用者點擊廣告，AIAnimals 的獲利就會增加，但絕對不能忘記的是，使用者是為了瀏覽動物圖片而來，不會為了看廣告而來，所以應用程式之內的廣告太多、廣告顯示頻率過高，有可能會讓使用者厭棄這個應用程式。目前已知的是，就算不增加插入廣告的位置，只要能讓活躍使用者增加，廣告收入也會等比例成長。所以只要能改善使用者經驗，讓使用者用得更開心，獲利自然就會增加。本書將透過機器學習提升 AIAnimals 的使用者體驗，讓這個應用程式成為更多使用者放心、開心使用的服務。

接著說明 AIAnimals 的開發團隊（ 圖 3.3 ）。

AIAnimals 開發團隊各有一名 Android 工程師、後台工程師與機器學習工程師，這三位工程師各自在自己的專業領域開發，同時視情況支援其他工程師。Android 工程師負責 Android 智慧型手機應用程式的開發，也參與部分的後台開發工程。後台工程師負責開發 Web API 與基礎建設的部分，也參與部分的機器學習架構、搜尋架構的開發工程，也會視情況在 Android 或後台追加收集資料的功能。機器學習工程師則利用收集到的資料自動化 AIAnimals 的處理，以及執行 A／B 測試與改善搜尋功能。在導入機器學習的時候，會寫程式讓機器學習嵌入 Android 或後台的系統。雖然團隊人數不多，每位工程師要負責的工作又很多，但彼此都了解彼此的專業與自己該扮演的角色，所以是能讓 AIAnimals 不斷成長的團隊。

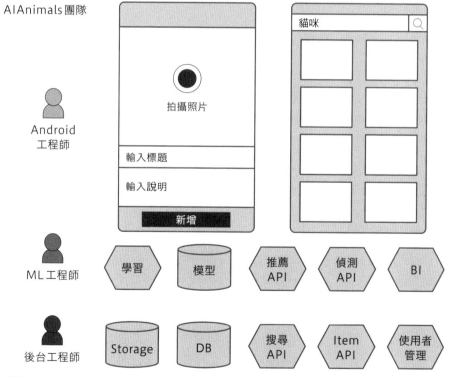

圖 3.3 AIAnimals 的開發團隊

3.1.2　動物圖片應用程式與系統

接著說明動物圖片應用程式與系統的架構。

一如前述，動物圖片應用程式是 Android 智慧型手機應用程式，除了可讓使用者瀏覽其他使用者上傳的動物圖片，使用者也能自行上傳動物圖片。具體來說，使用者可進行下列的操作。

- 使用者登入
- 搜尋與篩選動物圖片
- 瀏覽動物圖片
- 替動物圖片「按讚」
- 上傳動物圖片與圖片的說明

AIAnimals 提供了圖片分享應用程式最低限度的功能。

這個應用程式的後台系統（ 圖 3.4 ）會將使用者與動物圖片的資訊新增至資料庫，再視情況將資料傳送給應用程式。後台系統提供了 REST API 服務，可在動物圖片應用程式發出要求後，依照該要求傳回適當的資料。後台系統的全貌如下。

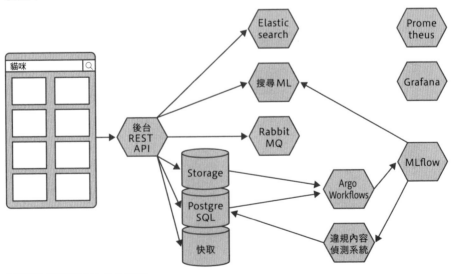

圖3.4 應用程式的後台系統

後台系統的 REST API 服務（以下簡稱為後台 API）可接受來自動物圖片應用程式的要求，再依照該要求的內容從資料庫、資料倉儲、搜尋服務、機器學習服務取得資料，再將資料傳給動物圖片應用程式。所有對後台系統的存取都以後台 API 為入口。後台 API 是以 Python 撰寫，Web 框架則是 FastAPI，伺服器的執行則是交由 Uvicorn 與 Gunicorn 負責。

與後台 API 連動的服務會在本章與**第 4 章**說明系統之際進一步說明，但大致的內容如下。

資料庫是儲存使用者資料、動物圖片的關聯式資料庫，使用的資料庫管理系統為 PostgreSQL。使用者上傳的資料或是「按讚」料都會放在資料庫的表單之中，表單的架構請參考 圖 3.5 。

資料倉儲的功能在於儲存非結構化資料（圖片或機器學習模型）。使用者上傳的圖片、違規圖片與開發團隊透過機器學習得到的機器學習模型都會存在資料倉儲之中。本書為了讓讀者能透過範例程式存取資料，使用了 Google Cloud Storage 作為資料倉儲，還開放了瀏覽的權限。

快取服務則是將資料新增至 In-memory 快取，讓使用者能快速取得資料的架構，而這項快取服務是以 Redis Cache 建置。

搜尋服務可用來搜尋儲存的資料。除了上傳的動物圖片之外，其他的資料（圖片的標題、說明、動物的類別、「按讚」數）都可透過資料庫搜尋。搜尋服務也具備篩選功能，經過篩選的內容會透過後台 API 傳送給使用者。搜尋服務是以 Elasticsearch 建置。

搜尋機器學習服務是利用機器學習挑選與排序搜尋內容的服務，細節會於**第 4 章**進一步說明。

訊息佇列服務是將上傳的內容提供給各項服務的架構。將內容的資訊新增為訊息，就能讓服務（違規內容偵測或是搜尋新增這類服務）以非同步的方式取得訊息，執行違規內容偵測與搜尋新增的處理。訊息佇列服務是由 RabbitMQ 建置。

違規內容偵測服務的功能在於偵測違規內容，停止內容公開，相關細節也將在本章說明。

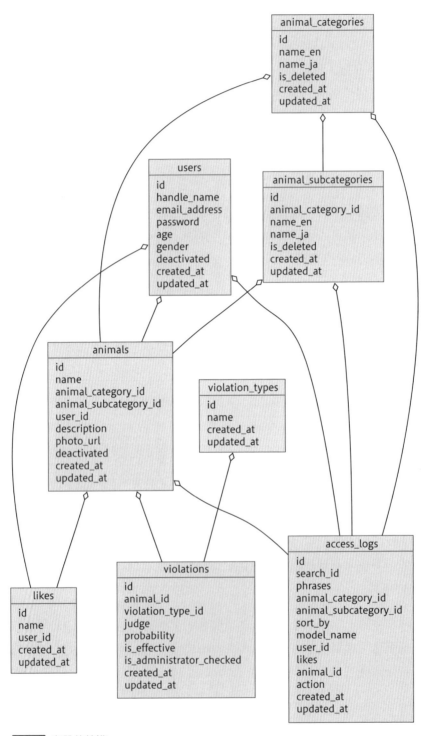

圖3.5 表單的結構

工作流程引擎是控制各種批次處理的部分，主要是為了能夠定期學習機器學習模型而使用。工作流程引擎是以 Argo Workflows 建置。

模型管理服務的功能，在於儲存學習完畢的機器學習模型與管理學習記錄，這個服務則是利用 MLflow 這項工具建置。MLflow 內建了 Tracking Server 這項伺服器功能，能與 Web API、資料庫一同建置儲存或取得生成物（模型）與評估結果的環境。

以上就是後台服務的內容。為了讓動物圖片應用程式能夠上線，會讓這些後台服務在運作之際彼此連動。

 ### 3.1.3　驅動 AIAnimals

Android 應用程式與後台系統可透過下列的方法啟動。

- Android 應用程式可透過下列任何一種方法啟動。

  選項 1. 使用 Android Studio 的模擬器（開發環境）

  選項 2. 於 Android 智慧型手機終端安裝再執行（正式環境）

- 後台系統可透過下列任何一種方式啟動。

  選項 1. 使用 Docker Compose（除了與機器學習相關的服務。開發環境）

  選項 2. 使用 Kubernetes Cluster（正式環境）

AIAimals 應用程式是以在 Android 智慧型手機執行而開發的應用程式，而相關的程式是於 Android Studio 底下以 Kotlin 撰寫，內容可於 https://github.com/shibuiwilliam/building-ml-system/tree/develop/chapter3_4_aianimals/AIAnimals 瀏覽。Android Studio 可從官方網站 https://developer.android.com/studio 下載與安裝。由於官方網站提到了 Mac、Windows、Linux 以及各種作業系統所需的安裝程式，各位讀者可依照自己的作業系統安裝適當的版本。

後台系統都是於 Docker 內容運作。Docker 可從官方網站 `https://docs.docker.com/get-docker/` 安裝。Docker Compose 也同樣可從官方網站 `https://docs.docker.jp/compose/install.html` 安裝。

假設上述的系統或是工具都已安裝完畢，就能啟動最低限度的應用程式與後台系統。為了確認應用程式是否能夠正常執行，讓我們趕快啟動看看吧。

● 在 Docker Compose 啟動後台系統

要在 Docker Compose 啟動後台系統可依照下列的順序啟動後台的元件。

1. PostgreSQL、Redis、RabbitMQ 這類資料中介軟體。

2. Elasticsearch 與 Kibana。

3. 初期資料新增排程。

4. 將資料新增至 Elasticsearch 的搜尋資料新增排程。

5. 後台 API。

後台系統的元件之間具有 圖 3.6 的相關性。

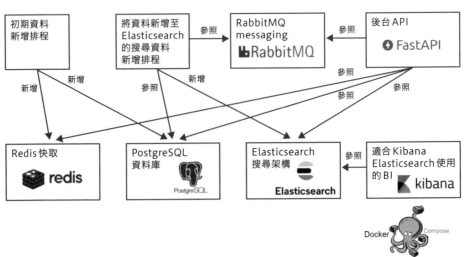

圖 3.6 後台元件之間的相關性

後 台 API 可 透 過 PostgreSQL、Redis、RabbitMQ、Elasticsearch 存
取。後台 API 參照的資料是透過初期資料新增排程，以及將資料新增至
Elasticsearch 的搜尋資料，新增排程新增至各資料層的資料。初期資料排
程會於 PostgreSQL 新增表單與索引再新增初期資料。初期資料就是之前於
AIAnimals 新增的資料，主要是以 JSON 檔案的格式儲存。

- **初期資料的 JSON**

  URL https://github.com/shibuiwilliam/building-ml-system/tree/develop/chapter3_4_
       aianimals/dataset/data

將資料新增至 Elasticsearch 的搜尋資料新增排程會將在初期資料排程新增至
PostgreSQL 的動物圖片內容（animals 表單的資料）傳送至 Elasticsearch，
以便後續搜尋。

後台 API 會參照與搜尋 Elasticsearch 與 PostgreSQL 的資料，部分的搜尋
結果也會隨著佇列快取至 Redis，並在特定時間之內，由快取回應搜尋結果，
減輕 PostgreSQL 與 Elasticsearch 的存取負擔。相關的細節會於**第 4 章**說
明，但是在搜尋服務應用機器學習的方面，主要是將特徵值與機器學習的推論
結果存入快取，藉此降低機器學習的前置處理與推論處理的負擔。

要於 Docker Compose 啟動後台系統的命令如下。

〔命令〕

```
# 於 Docker Compose 啟動後台系統的命令
$ make up

docker-compose -f docker-compose.yaml up -d
Creating network "aianimals" with the default driver
Creating postgres ... done
Creating rabbitmq ... done
Creating redis    ... done
Creating es                         ... done
Creating initial_data_registry      ... done
Creating kibana                     ... done
Creating api                        ... done
Creating search_registry            ... done
```

```
# 顯示已啟動的 Docker 容器（部分省略）。
$ docker ps -a

CONTAINER ID    STATUS                    NAMES
fdd769f88f6a    Up 29 minutes             search_registry
40904537ac98    Exited (0) 26 minutes ago initial_data_registry
4f2bccae8456    Up 29 minutes             api
561d84b9f95f    Up 29 minutes             kibana
7ed2c9df3f05    Up 29 minutes             postgres
7d958946729b    Up 29 minutes             rabbitmq
756ea219c1ed    Up 29 minutes             redis
453f5104b0c6    Up 29 minutes             es
```

initial_data_registry 就是初期資料新增排程，所以資料新增完畢之後，Docker 容器就會停止運作。

● 在 Android Studio 啟動 AIAnimals

接著要在 Android Studio 啟動 Android 智慧型手機應用程式。Android Studio 為正在開發的應用程式內建了模擬器，所以 AIAnimals 也會利用這個模擬器確認是否能夠正常執行。

第一步先開啟 Android Studio，再選擇「AIAnimals」專案（ 圖 3.7 ）。

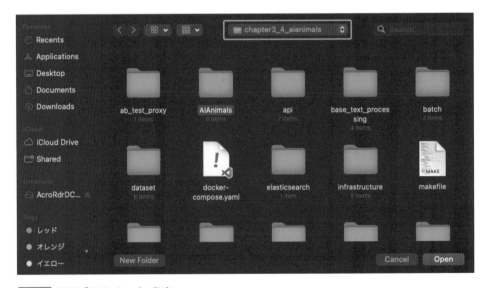

圖 3.7 選擇「AIAnimals 專案」

接著要安裝模擬器。這次要使用模擬 Pixel 5 的模擬器。從 Android 上方的
「No Devices」（ 圖3.8 ❶ ）的下拉式選單選擇「Device Manager」
（ 圖3.8 ❷ ）。

圖3.8 從「No Devices」的下拉式選單選擇「Device Manager」

接著會切換至模擬器生成畫面，請選擇「Create Device」（ 圖3.9 ❶ ），再
選擇 Phone 的 Pixel 5（ 圖3.9 ❷ ），然後點選「Next」切換至下個畫面
（ 圖3.9 ❸ ）。

圖3.9 模擬器生成畫面

API 選擇「API 33」（ 圖 3.10 ）。

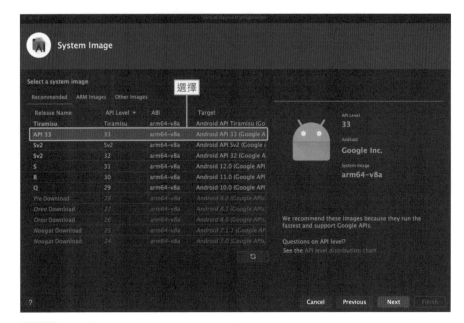

圖 3.10 選擇「API 33」

接著會進行確認完成的畫面，點選「Finish」完成安裝即可（ 圖 3.11 ）。

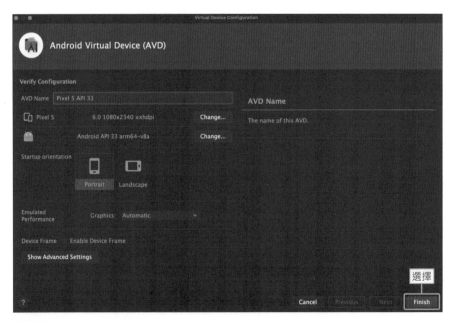

圖 3.11 點選「Finish」

為了取得裝置模擬器，會下載檔案容量高達數 GB 的資料。資料下載完畢後，即可選擇「Pixel 5 API 33」這個模擬器（ 圖 3.12 ）。

圖 3.12 可選擇「Pixel 5 API 33」這個模擬器

接著要從模擬器啟動 AIAnimals。在上方的裝置選擇「Pixel 5 API 33」（ 圖 3.13 ❶ ），再點選三角形按鈕啟動（ 圖 3.12 ❷ ）。

模擬器是 Android Studio 的一部分，所以在執行了模擬器的終端裝置以 Docker Compose 啟動後台 API，就能從模擬器與 Docker Compose 的後台 API 連線。

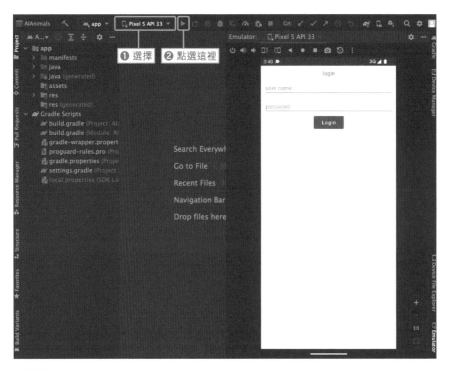

圖 3.13 從模擬器啟動 AIAnimals

在 Android Studio 的模擬器啟動 AIAnimals 之後，會顯示 圖3.14 的登入畫面。

登入所需的使用者名稱與密碼已於初期資料 JSON 檔案的 user.json 記載。這個檔案是為了使用 AIAnimals 的虛構使用者所準備，不管是以哪個使用者的身份都能登入與使用 AIAnimals。由於所有使用者的操作都一樣，所以不管是哪位使用者都可以使用模擬器。假設這次以 dog_leigh 這個使用者名稱與密碼 password 登入（password 這個密碼當然不符合安全性的需求，建議讀者建立正式系統時，設定更複雜的密碼）。

- **使用者資料清單**

  URL https://github.com/shibuiwilliam/building-ml-system/blob/develop/chapter3_4_
       aianimals/dataset/data/user.json

圖 3.14 登入畫面

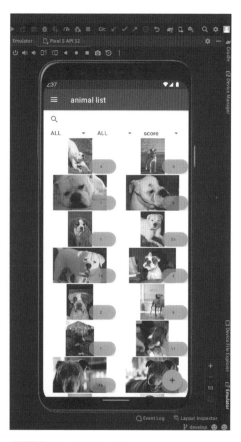

圖 3.15 登入之後的畫面

輸入「dog_leigh」這個使用者名稱與「password」這個密碼之後，成功登入 AIAnimals 了（ 圖 3.15 ）。第一個畫面是瀏覽動物圖片的畫面，可在這個畫面搜尋其他使用者上傳的動物圖片。搜尋時，可利用文字、動物的類別（狗狗或貓咪）、品種（布偶貓或是鬥牛犬）這類關鍵字，也可以指定順序，讓搜尋結果重新排序。圖片右下角的數字為截至目前的「按讚數」。

比方說，在類別選擇「cat」，在品種選擇「ragdoll」，就會顯示布偶貓的搜尋結果（ 圖 3.16 ）。

點選動物圖片之後，會進入動物圖片的介紹畫面（ 圖 3.17 ）。

圖 3.16 在類別選擇「cat」，在品種選擇「ragdoll」

圖 3.17 動物圖片的介紹畫面

由左向右滑動動物介紹頁面就能回到搜尋畫面（ 圖3.18 ）。點選搜尋畫面右下角的「＋」就能上傳圖片。所有能在 AIAnimals 瀏覽的動物圖片都儲存在作者的 Google Cloud Platform（GCP）的 Cloud Storage，只要利用 AIAnimals 就能存取這個雲端空間的圖片。不過，為了避免本書提供的圖片被修改、刪除或是新增圖片，所以 AIAnimals 的圖片上傳功能未開放，於 AIAnimals 上傳畫面執行的上傳處理，只模擬將圖片上傳至雲端空間的過程。

- ● 於 GCP 的 Cloud Storage 儲存的圖片的 URL 範例

  URL. https://storage.googleapis.com/aianimals/images/000da08168194ab19428 ec9154863364.jpg

圖3.18 上傳畫面

截至目前為止，我們已能在 Docker Compose 啟動後台系統，以及在 Android Studio 安裝了智慧型手機應用程式 AIAnimals。在這個狀態之下，可利用 AIAnimals 搜尋與瀏覽動物圖片，不過若要在 AIAnimals 使用機器學習，還得在 Kubernetes Cluster 建置後台系統的架構。要注意的是，Docker Compose 的資源不足以啟動機器學習的服務。AIAnimals 的正式系統是於 Kubernetes Cluster 啟動。之所以選擇 Kubernetes Cluster，是為了在 Argo Workflows 這種 Kubernetes 執行時，能夠善用資源，以及現行的做法都是在驅動 Docker 容器的網頁版正式系統時使用 Kubernetes。於 Docker 容器驅動正式系統當然也有別的選擇，例如可使用 Amazon 的 AWS Fargate 或是 GCP 的 Cloud Run 這種獨立的容器執行架構，不過，若使用特定的雲端服務，就會被迫建置適合該雲端服務的系統，也與本書的主旨不符，所以本書選擇 Kubernetes 作為正式系統的運作環境。

● 在 Kubernetes 啟動後台系統

為了使用 Kubernetes 必須建置 Kubernetes Cluster。要建置 Kubernetes Cluster，可使用 Linux 伺服器或是各種雲端服務。如果各位讀者習慣在公司或是自己家裡建置 Kubernetes Cluster，可自行建立伺服器再建置 Kubernetes Cluster，但一般來說，使用熟悉的雲端服務會比較方便使用 Kubernetes。本書並非說明 Kubernetes Cluster 建置方法的書籍，所以跳過相關的細節，不過大家還是可以參考下列的文件，自行建置 Kubernetes Cluster。

- **建置 Kubernetes Cluster 的官方文件**

  URL https://kubernetes.io/ja/docs/setup/production-environment/tools/

- **Google Kubernetes Engine（GKE）**

  URL https://cloud.google.com/kubernetes-engine

- **Amazon Elastic Kubernetes Service（EKS）**

  URL https://aws.amazon.com/jp/eks/

- **Azure Kubernetes Service（AKS）**

  URL https://azure.microsoft.com/ja-jp/services/kubernetes-service/

要注意的是，使用 Kubernetes Cluster 可能需要付費。

Kubernetes Cluster 開始運作之後，可部署後台系統的資源。由於後台系統是環環相扣的架構，所以需要依照下列的順序啟動：

1. PostgreSQL、Redis、RabbitMQ 這類資料中介軟體
2. Elasticsearch 與 Kibana
3. Argo Workflows
4. Prometheus 與 Grafana 這類監控工具
5. MLflow
6. 初期資料新增排程
7. 將資料新增至 Elasticsearch 的搜尋資料新增排程
8. 新增動物圖片特徵值排程
9. 後台 API
10. 偵測違規內容的機器學習與入口
11. 用於搜尋處理的機器學習
12. 於 Argo Workflows 執行的批次排程

接著要依序執行啟動命令。主要的啟動命令都已整理成 Makefile。

第一步要先在 Kubernetes 建置需要的 namespace 與最低限度的資源。

〔命令〕

```
# 追加最低限度的資源
$ make initialize_deployment

kubectl apply -f ~/building-ml-system/chapter3_4_aianimals/ ➡
infrastructure/manifests/kube_system/pdb.yaml
poddisruptionbudget.policy/event-exporter-gke created
poddisruptionbudget.policy/konnectivity-agent created
poddisruptionbudget.policy/kube-dns-autoscaler created
poddisruptionbudget.policy/kube-dns created
poddisruptionbudget.policy/glbc created
poddisruptionbudget.policy/metrics-server created
namespace: default
kubectl apply -f ~/building-ml-system/chapter3_4_aianimals/ ➡
infrastructure/manifests/data/namespace.yaml
```

利用動物圖片應用程式建置違規內容偵測系統

```
namespace/data created
namespace: data
kubectl apply -f ~/building-ml-system/chapter3_4_aianimals/➜
infrastructure/manifests/aianimals/namespace.yaml
namespace/aianimals created
namespace: aianimals
kubectl apply -f ~/building-ml-system/chapter3_4_aianimals/➜
infrastructure/manifests/violation_detection/namespace.yaml
namespace/violation-detection created
namespace: violation-detection
kubectl apply -f ~/building-ml-system/chapter3_4_aianimals/➜
infrastructure/manifests/elasticsearch/namespace.yaml
namespace/elastic-search created
namespace: elastic-search
kubectl apply -f ~/building-ml-system/chapter3_4_aianimals/➜
infrastructure/manifests/mlflow/namespace.yaml
namespace/mlflow created
namespace: mlflow
kubectl apply -f ~/building-ml-system/chapter3_4_aianimals/➜
infrastructure/manifests/argo/namespace.yaml
namespace/argo created
namespace: argo
kubectl apply -f ~/building-ml-system/chapter3_4_aianimals/➜
infrastructure/manifests/search/namespace.yaml
namespace/search created
namespace: search
kubectl apply -f ~/building-ml-system/chapter3_4_aianimals/➜
infrastructure/manifests/monitoring/namespace.yaml
namespace/monitoring created
namespace: monitoring
kubectl -n aianimals create secret generic auth-secret --from-file➜
=infrastructure/secrets/secret.key
secret/auth-secret created

# 確認新增的 namespace
$ kubectl get ns

NAME                STATUS    AGE
aianimals           Active    50m
argo                Active    50m
data                Active    50m
default             Active    55m
elastic-search      Active    50m
elastic-system      Active    79s
kube-node-lease     Active    55m
kube-public         Active    55m
kube-system         Active    55m
mlflow              Active    50m
```

```
monitoring              Active    50m
search                  Active    50m
violation-detection     Active    50m
```

接著要將 PostgreSQL、Redis、RabbitMQ 這類資料中介軟體，以及 Elasticsearch、Argo Workflows、Prometheus、Grafana 分別加入不同的 namespace。此外，Elasticsearch 與 Argo Workflows 可在安裝 Kubernetes Custom operator 安裝，所以會追加各種資源。關於 Elasticsearch 與 Argo Workflows 的 Custom operator 請參考下列的官方資料。

- **Argo Workflows**
  URL https://argoproj.github.io/argo-workflows/quick-start/

- **Elasticsearch**
  URL https://www.elastic.co/jp/elastic-cloud-kubernetes

〔命令〕

```
# 新增基礎建設
$ make deploy_infra

# 新增 PostgreSQL、Redis、RabbitMQ
kubectl apply -f ~/building-ml-system/chapter3_4_aianimals/➡
infrastructure/manifests/data/postgres.yaml && \
  kubectl apply -f ~/building-ml-system/chapter3_4_aianimals/➡
infrastructure/manifests/data/redis.yaml && \
  kubectl apply -f ~/building-ml-system/chapter3_4_aianimals/➡
infrastructure/manifests/data/rabbitmq.yaml
deployment.apps/postgres created
# 部分省略

# 追加 Elasticsearch
kubectl apply -f https://download.elastic.co/downloads/eck/2.1.0/➡
crds.yaml && \
  kubectl apply -f https://download.elastic.co/downloads/eck/2.1.0/➡
operator.yaml && \
  kubectl apply -f ~/building-ml-system/chapter3_4_aianimals/➡
infrastructure/manifests/elasticsearch/deployment.yaml
customresourcedefinition.apiextensions.k8s.io/agents.agent.k8s.➡
elastic.co created
# 部分省略。
```

```
# 追加 Argo Workflows
kubectl -n argo apply -f ~/building-ml-system/chapter3_4_aianimals/➡
infrastructure/manifests/argo/argo_clusterrolebinding.yaml && \
 kubectl -n argo apply -f https://github.com/argoproj/➡
argo-workflows/releases/download/v3.3.1/quick-start-postgres.yaml
serviceaccount/user-admin created

# 部分省略。
# 追加 Prometheus
kubectl -n monitoring apply -f ~/building-ml-system/chapter3_4_➡
aianimals/infrastructure/manifests/monitoring/prometheus.yaml
clusterrole.rbac.authorization.k8s.io/prometheus created
# 部分省略。

# 追加 Grafana
kubectl -n monitoring apply -f ~/building-ml-system/chapter3_4_➡
aianimals/infrastructure/manifests/monitoring/grafana.yaml
configmap/grafana-datasources created
# 部分省略。

# 確認 PostgreSQL、Redis、RabbitMQ 是否正常運作
$ kubectl -n data get deploy,svc

NAME                         READY
deployment.apps/postgres     1/1
deployment.apps/rabbitmq     1/1
deployment.apps/redis        1/1


NAME                     TYPE        CLUSTER-IP     PORT(S)
service/postgres         ClusterIP   10.84.13.44    5432/TCP
service/rabbitmq-amqp    ClusterIP   10.84.5.173    5672/TCP
service/rabbitmq-http    ClusterIP   10.84.3.228    15672/TCP
service/redis            ClusterIP   10.84.15.40    6379/TCP

# 確認 Argo Workflows 是否正常運作
$ kubectl -n argo get deploy,svc

NAME                                   READY
deployment.apps/argo-server            1/1
deployment.apps/minio                  1/1
deployment.apps/postgres               1/1
deployment.apps/workflow-controller    1/1


NAME                         TYPE        CLUSTER-IP     PORT(S)
service/argo-server          ClusterIP   10.84.12.25    2746/TCP
```

```
service/minio                              ClusterIP    10.84.2.203    9000/TCP
service/postgres                           ClusterIP    10.84.9.110    5432/TCP
service/workflow-controller-metrics        ClusterIP    10.84.14.67    9090/TCP

# 確認 Elasticsearch 是否正常運作
$ kubectl -n elastic-search get deploy,svc

NAME                          READY     UP-TO-DATE     AVAILABLE
deployment.apps/kibana-kb     1/1       1              1

NAME                                         TYPE          CLUSTER-IP     PORT(S)
service/elastic-search-es-default            ClusterIP     None           9200/
TCP
service/elastic-search-es-http               ClusterIP     10.84.3.21     9200/
TCP
service/elastic-search-es-internal-http      ClusterIP     10.84.2.92     9200/
TCP
service/elastic-search-es-transport          ClusterIP     None           9300/
TCP
service/kibana-kb-http                       ClusterIP     10.84.4.20     5601/
TCP

# 確認 Prometheus 與 Grafana 是否正常運作
$ kubectl -n monitoring get deploy,svc

NAME                              READY
deployment.apps/grafana          1/1
deployment.apps/prometheus       1/1
deployment.apps/pushgateway      1/1

NAME                    TYPE         CLUSTER-IP      PORT(S)
service/grafana         ClusterIP    10.84.1.11      3000/TCP
service/prometheus      ClusterIP    10.84.15.221    9090/TCP
service/pushgateway     ClusterIP    10.84.3.102     9091/TCPa
```

接著要部署初期運作所需的 MLflow 與初期資料新增排程。

〔命令〕

```
# 新增 MLflow 與初期資料新增排程
$ make deploy_init

kubectl apply -f ~/building-ml-system/chapter3_4_aianimals/➡
infrastructure/manifests/mlflow/mlflow.yaml
deployment.apps/mlflow created
```

利用動物圖片應用程式建置違規內容偵測系統

```
service/mlflow created
kubectl apply -f ~/building-ml-system/chapter3_4_aianimals/➡
infrastructure/manifests/aianimals/data_configmap.yaml
configmap/data-paths created
kubectl apply -f ~/building-ml-system/chapter3_4_aianimals/➡
infrastructure/manifests/aianimals/initial_data_registry.yaml
job.batch/initial-data-registry created

# 確認 MLflow 是否正常運作
$ kubectl -n mlflow get deploy,svc


NAME                        READY
deployment.apps/mlflow      2/2


NAME                TYPE        CLUSTER-IP    PORT(S)
service/mlflow      ClusterIP   10.84.1.21    5000/TCP

# 確認初期資料新增排程是否正常運作
$ kubectl -n aianimals get pods,jobs


NAME                                  READY   STATUS       RESTARTS
pod/initial-data-registry-lvf22       0/1     Completed    0


NAME                                  COMPLETIONS   DURATION
job.batch/initial-data-registry       1/1           2m39s
```

最後是新增後台 API 以及將資料新增至 Elasticsearch 的資料新增排程，還有特徵值新增排程。

〔命令〕

```
# 新增後台 API、將資料新增至 Elasticsearch 的資料新增排程、特徵值新增排程
$ make deploy_base

kubectl apply -f ~/building-ml-system/chapter3_4_aianimals/➡
infrastructure/manifests/aianimals/api.yaml
deployment.apps/api created
service/api created
kubectl apply -f ~/building-ml-system/chapter3_4_aianimals/➡
infrastructure/manifests/aianimals/search_registry.yaml
deployment.apps/search-registry created
kubectl apply -f ~/building-ml-system/chapter3_4_aianimals/➡
infrastructure/manifests/aianimals/animal_feature_registration.yaml
deployment.apps/animal-feature-registry-registration created
```

```
# 確認後台 API、將資料新增至 Elasticsearch 的資料新增排程、特徵值新增排程是否正常運作
$ kubectl -n aianimals get deploy,svc

NAME                                                          READY
deployment.apps/animal-feature-registry-registration         1/1
deployment.apps/api                                           1/1
deployment.apps/search-registry                               1/1


NAME             TYPE         CLUSTER-IP      PORT(S)
service/api      ClusterIP    10.84.6.147     8000/TCP
```

違規內容偵測處理的資源會於本章後半段的時候新增，搜尋處理的資源則會於**第 4 章**新增。

要與 Kubernetes Cluster 連線可使用 port-forward 從終端裝置與部署於 Kubernetes 的服務的連接埠直接連線，如果是於雲端服務運作的 Kubernetes Cluster 則可搭載 Ingress 與雲端服務的負載平衡器發佈。前者不需要在網路發佈，就能從本地端裝置與 API 連線，後者則是讓服務於網路發佈，正式上線的方法，所以還得取得獨立的網域以及於 DNS 註冊。這次選擇前者的方式，也就是從智慧型手機應用程式 AIAnimals 與後台 API 連線。利用 port-forward 與 Kubernetes 的各種服務連線的命令如下。

〔命令〕

```
# https://github.com/shibuiwilliam/building-ml-system/blob/develop/➡
chapter3_4_aianimals/infrastructure/port_forward.sh
$ cat infrastructure/port_forward.sh

#!/bin/sh

kubectl -n mlflow port-forward service/mlflow 5000:5000 &
kubectl -n aianimals port-forward service/api 8000:8000 &
kubectl -n argo port-forward service/argo-server 2746:2746 &
kubectl -n elastic-search port-forward service/➡
elastic-search-es-http 9200:9200 &
kubectl -n elastic-search port-forward service/➡
kibana-kb-http 5601:5601 &

$ ./infrastructure/port_forward.sh
Forwarding from 127.0.0.1:5000 -> 5000
```

```
Forwarding from [::1]:5000 -> 5000
Forwarding from 127.0.0.1:2746 -> 2746
Forwarding from [::1]:2746 -> 2746
Forwarding from 127.0.0.1:5601 -> 5601
Forwarding from [::1]:5601 -> 5601
Forwarding from 127.0.0.1:9200 -> 9200
Forwarding from [::1]:9200 -> 9200
Forwarding from 127.0.0.1:8000 -> 8000
Forwarding from [::1]:8000 -> 8000
```

以上就是在 Kubernetes 部署後台 API，再從終端裝置指定 localhost，與該 API 連線的過程。

在 Docker Compose 啟動後台系統與在 Kubernetes Cluster 啟動後台系統的差別在於是否執行機器學習。這次的機器學習架構是只於 Kubernetes Cluster 啟動。執行機器學習的部分將於本章的 **3.5 節**之後的章節，以及**第 4 章**說明。

本章說明的是，當使用者從動物圖片分享應用程式上傳動物圖片時，利用機器學習偵測違規內容，判斷該圖片是否可公開的系統。

3.1.4　動物圖片分享應用程式需要違規內容偵測處理

前面提過，AIAnimals 在正式上線 10 個月之後，使用者人數接近 3,000 人，動物圖片的數量也超過 7,000 張。當應用程式變得有名，就會出現一些違反應用程式方針的使用者。AIAnimals 是分享動物圖片的應用程式，反過來說，禁止使用者上傳非動物圖片的圖片，也禁止上傳人臉的圖片。雖然人類也是動物，但還是根據個人資訊保護的觀點排除人臉圖片。此外，也禁止惡質的動物圖片（例：動物的屍體、誹謗中傷的留言或是讓人不悅的圖片），以及違反著作權的圖片，當然也禁止在圖片的標題或說明輸入誹謗中傷的內容或是與動物無關的內容。一旦偵測到這些違規內容，就必須禁止這類內容公開，避免使用者瀏覽。

本章要利用機器學習在 AIAnimals 開發偵測違規內容、禁止違規內容公開的機制，同時還會說明工作流程以及開發與維護的方法。

3.2　偵測違規內容的目的

貼文型服務的問題在於禁止與找出違反規則的貼文。為了維持服務的品質，讓使用者能夠放心使用，就必須隨時偵測違反規則的內容，或是禁止這類內容公開。

偵測違規內容的目的在於找出不符合 AIAnimals 方針的內容，禁止這類內容公開，以免使用者瀏覽。被 AIAnimals 列為違規的內容如下：

- 人臉圖像
- 沒有動物的圖像
- 非動物照片，只是動物畫像的貼文
- 是動物照片，但內容低劣的圖像
- 摻雜個人資訊或是違反倫理、法律的內容標題或說明
- 違反著作權的內容

雖然今後還是有可能遇到超出上列規範的違規內容，但 AIAnimals 營運至今，只發現了上述這些違規內容。

如果這些違規內容的數量不多，可透過人力逐行排除。AIAnimals 初期只有 100 篇文，所以可透過人力排除這類違規內容。不過，目前的貼文數不斷增加，總有一天會無法以人力排除，所以才需要在一開始就讓偵測違規內容的流程自動化。

違反內容主要分成兩種，一種是有問題的圖像，另一種是有問題的文字（標題或說明）。這兩種內容都可利用機器學習的分類模型進行篩選。

在偵測到違反規則的內容之後，開發團隊該採取何種行動呢？其實有幾個選項可以選擇。比方說，偵測到違規內容之後，就自動停止該內容公開，或是通知開發團隊，由開發團隊判斷是否讓該貼文繼續公開。不管採用的是哪種工作流程，都需要在判斷錯誤的時候予以修正。就算是由人類找到違反規則的內容

時，有時也必須由其他團隊成員複檢。換言之，需要另外打造一個讓誤判為違規的內容重新公開的機制。這種「偵測違規→停止公開→視情況再次公開」的工作流程能達到多少程度的自動化，取決於機器學習的偵測違規系統的品質。偵測違規屬於「貼文是否違規」的二元分類。偵測違規的分類模型除了以準確率（Accuracy）評估之外，還會以精確率（Precision，將未違規的內容判斷為違規的機率）以及召回率（Recall，未將違規的內容判斷為違規的機率）進行評估。一般來說，精準率與召回率是互斥的關係，至於可打造出何種工作流程，端看以上述哪種指標（或是多個指標）評估機器學習的違規內容偵測模型。

之所以利用機器學習打造違規內容偵測模型是為了節約人力以及提升使用者經驗。利用機器學習取代人力，進行違規內容偵測之後，就能更有效率地應用人力，不過，成本若是因此超出人力成本，就毫無意義可言。反過來說，利用機器學習偵測違規的成本一定要低於利用人力偵測違規的成本，這也意味著成本效益比也是評估違規內容偵測系統的指標之一。

偵測違規內容可避免使用者看到多餘或不舒服的內容，提升使用者體驗。所謂的違規也包含違反法律或是服務營運方針的部分。違反法律（違反著作權或是個資法）的內容完全不可以公開，而違反服務營運方針（上傳人臉或是動物畫像）則可由 AIAnimals 的團隊自行判斷。換句話說，判定為違反營運方針的內容其實對使用者有好處，只要不是與 AIAnimals 的營運方針有太明顯的出入，其實可以稍微將部分違規內容視為合法內容。比方說，人臉圖像雖然是違規的內容，但其實只要投稿者答應照片公開，或是瀏覽的人覺得與寵物一起入鏡的照片很有趣，其實是可以開放人臉圖像上傳的。

接著我們要根據上述的條件開發 AIAnimals 的違規內容偵測系統。主要的開發成員為機器學習工程師，而前面也提過，機器學習工程師可視情況開發 Android 應用程式、後台、資料架構。違規內容偵測系統的開發步驟如下：

1. 定義要偵測的對象。
2. 收集需要的資料。
3. 開發偵測違規內容的模型。

4. 根據模型的評估結果定義工作流程。

5. 開發能實現工作流程的系統。

6. 實際上線，評估成果。

7. 根據評估結果改善違規內容偵測系統或是進一步偵測其他的違規內容。

🔷 3.2.1　決定以機器學習偵測的對象

機器學習不一定能找出所有違規內容。找不出所有違規內容的理由有很多，例如 1. 資料不足、2. 機器學習無法偵測缺乏規律性的違規內容。所謂「資料不足」就是違反規則的內容比正常內容的份量還少，至於「缺乏規律性」的違規內容則是指這類違規的資料，卻無法從中找出規律性，導致機器學習無法學習（或是過度學習，導致模型無法實際派上用場）的狀態。所以要利用機器學習偵測違規內容就必須先大量收集違規的資料，也必須針對具有規律性的違規資料收集。

不可能一開始就開發能偵測所有違規內容的機器學習模型。從上述的內容可以發現，機器學習在偵測違規內容時，也有擅長與不擅長的部分。如果利用機器學習篩選內容的準確度未達標準，就沒有使用機器學習的必要性。此外，不同種類的違規內容也有不同的重要性，有些違規內容太過嚴重，必須停止使用者使用服務的權力，有些則只是違反服務營運反針，不太需要處以罰則。到底哪種違規算是情節重大，無法一概而論，但是在提供這類服務的時候，先建立相關的規則，就能讓服務經營服務的成員知道企劃與經營服務的方針。

本書會將「沒有動物的圖片」視為違規的內容。前面提過，AIAnimals 將許多行為都定義為違規，而「違反個資法或是不符合倫理或法律的標題與說明」以及「違反著作權的內容」都算是情節重大的違規。不過，在撰寫本書時，希望讓讀者能夠取得重現整套系統所需的資料與程式，所以在考慮本書能夠提供的資料（未違反法律的資料）之後，決定將「沒有動物的圖片」視為違規內容。學會打造偵測「沒有動物的圖片」的系統之後，這些技巧與知識也能於打造其他的違規內容偵測系統時應用。

3.3 定義判斷違規內容 所需的資料

要使用機器學習就需要各式各樣的資料，而且資料量要相當充沛。要利用機器學習打造 AIAnimals 的違規內容偵測系統必須先定義合格內容與違規內容，而這兩種內容的資料也必須足夠以及多元。

接著讓我們思考偵測「沒有動物的圖像」的方法。顧名思義，「沒有動物的圖像」就是使用者上傳了沒有動物的照片。由於 AIAnimals 是分享動物的服務，所以上傳沒有動物的照片等於違反了服務的經營方針。一旦偵測到這類圖像就會停止公開該圖像。

要利用機器學習打造違規內容偵測系統必須定義與收集正常資料與違規資料。AIAnimals 的正常資料為 1. 必須是動物圖像、2. 描述動物魅力的標題或說明、3. 正確選擇了拍攝主體的種類與品種（貓、狗、布偶貓、鬥牛犬）、4. 未違反規定的內容。「沒有動物的圖像」違反了「1. 必須是動物圖像」這個規則，所以沒有拍到動物的圖像就是違規的圖像（有些時候會遇到照片之中的動物非常小的情況，但還是以照片之中的動物是能以肉眼辨識的大小或是姿態的圖像為合格的圖像）。

針對單一圖像判斷是否為動物圖像，應該就能偵測「圖像是否包含了動物」。這個問題可利用機器學習的二元分類解決。要打造二元分類模型就必須準備動物圖片與非動物圖片，再利用影像分類機器學習模型進行學習。讓我們先準備動物圖片與非動物圖片吧。

動物圖片可使用上傳至 AIAnimals 的圖片，但是「非動物圖片」則可利用不同的方式收集。

1. 使用上傳至 AIAnimals 的「非動物圖片」
2. 從網路下載無著作權的圖片

上述這兩種方法都可以取得「非動物圖片」，但效率不太一樣。比方說，1. 的方式得等待許多使用者上傳「非動物圖片」才能收集到足夠的資料量，這也意味著得開發使用者上傳「非動物圖片」一段時間，直到偵測違規內容的機器學習模型建置完成為止，但這實在不是上上之策。2. 的方法則可立刻取得需要的資料，因為網路上有許多已免費公開，而且沒有著作權問題的資料。

1. 的方法當然不是永遠無效的方法。當使用者越來越多，上傳的圖片越來越多元，就必須進一步分類違規內容。比方說，有些使用者就是會故意上傳一些與網路圖片無關的圖片，想要鑽違規內容偵測系統的漏洞，此時也是收集上傳至 AIAnimals 的「非動物圖片」，讓機器學習進行學習的絕佳機會。

這次採用的是 2. 的方法，也就是從 Open Images Dataset 這種圖片資料集收集資料。Open Images Dataset 是影像辨識機器學習專用的圖片資料集，包含了 9,000 種圖片，這次我們要從動物之外的分類收集一些圖片，當成「非動物圖片」使用。

- **Open Images Dataset V6 + Extensions**
  URL https://storage.googleapis.com/openimages/web/index.html

由於 Open Images Dataset 的圖片已經貼了標籤，所以可利用標籤辨識拍攝主體，但這些圖片之中，不一定只有拍攝主體，有些圖片會有好幾個拍攝主體，其中之一有可能是動物，但我們不知道哪張圖片包含了動物，所以得自行分類，排除包含了動物的圖片。Open Images Dataset 內建了幾百萬張的圖片，就算將範圍縮小至非動物的圖片，也還有幾百萬張這麼多。如果針只所有的圖片進行分類實在太沒效率，所以要利用下列的步驟篩選圖片。

1. 隨機採樣標籤不是動物的圖片。

2. 採樣之後，製作圖片清單，再於雲端儲存空間（例如 AWS 的 Amazon S3、GCP 的 Cloud Storage（GCS）以公開的方式儲存。

3. 以 IMAGE 函數在 Google 試算表或是 Microsoft 的 Excel 呼叫各圖片的 URL。

4. 在圖片旁邊的儲存格輸入代表拍攝主體為動物的標籤。

5. 排除拍攝主體為動物的圖片，將清單整理成「非動物圖片」的清單。

就「1. 隨機採樣標籤不是動物的圖片」的部分而言，可先從 Open Images Dataset 下載圖片，再針對 1% 的範圍隨機採樣標籤不為動物的圖片，然後記錄檔案路徑。如此一來就能取得數萬張圖片。

至於「2. 採樣之後，製作圖片清單，再於雲端儲存空間（例如 AWS 的 Amazon S3、GCP 的 Cloud Storage（GCS）以公開的方式儲存）的部分則是將步驟 1 取得的檔案上傳至雲端儲存空間。為了於步驟 3 存取雲端儲存公間的檔案，這些檔案都必須以公開的方式儲存。此外，有些儲存空間的設定會讓位於相同儲存空間的檔案一併公開，所以千萬不要將不想公開的檔案放在這類儲存空間之中。

「3. 以 IMAGE 函數在 Google 試算表或是 Microsoft 的 Excel 呼叫各圖片的 URL」的部分則是顯示圖片清單。Google 試算表可於 IMAGE 函數指定 URL，也就是在儲存格輸入「=IMAGE("https://storage.googleapis.com/aianimals/not_animal_images/046_0106. jpg")」這類敘述，就能在儲存格顯示圖片。不過這類圖片必須能透過網路存取，所以才需要在步驟 2 公開圖片。於 Google 試算表顯示圖片的情況可參考 **圖 3.19**。

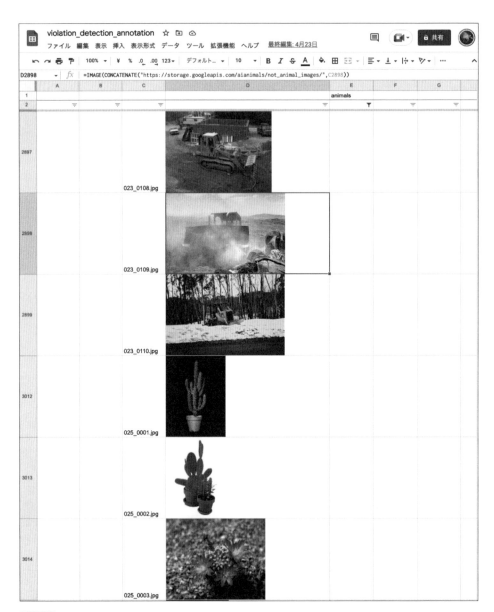

圖 3.19 Google 試算表

完成步驟 3 之後，接著要進行「4. 在圖片旁邊的儲存格輸入代表拍攝主體為動物的標籤」，也就是當圖片裡面有動物，就在圖片旁邊輸入「1」，藉此就能建立動物圖片清單。

最後的「5. 排除拍攝主體為動物的圖片，將清單整理成『非動物圖片』的清單」則是將沒有輸入「1」這個標誌的圖片當成違規內容偵測系統的學習資料使用。

這種分類資料的方法稱為「標記」（annotation），常於建立機器學習學習或評估資料的時候使用。如果無法準備正確的資料，就無法得到有用的機器學習模型，所以標記是建置機器學習模型之際，非常重要的前置步驟。由於這個步驟通常都是以人力進行，所以很花時間與成本。若能有效率地完成這個步驟，就能節約機器學習專案的成本與時間。

要有效率地完成標記作業，就必須建置理想的作業環境。以這次使用 Google 試算表的方法為例，就是在動物圖片旁邊的儲存格標記「1」，否則就不予標記。聽起來像是很複雜的作業，但其實只是使用鍵盤的下方向鍵（或是 Enter 鍵）與「1」鍵的作業而已。作者在收集「非動物圖片」時，大概花了三個小時完成標記作業。這次只需要判斷圖片之中有沒有動物，完全不需要任何的專業知識，所以判斷的速度也很快。

除了這類圖片分類的標記作業之外，有些標記作業會為了偵測物體而在物體加上畫框，或是為了分割影像而框出拍攝主體的位置。如果是這種標記作業，就不太可能在三個小時之內處理三萬張圖片，也很難使用 Google 試算表存儲。此時可使用專業的標記工具或服務，或是外包給專業的標記公司。本書並非說明標記作業的書籍，所以就不建議相關的工具與公司。總之，要建置優質的機器學習模型就必須透過標記作業補充資料。接著，就讓我們進入下一節吧。

3.4 設計違規內容偵測系統與工作流程

不是所有的作業都能利用機器學習提升效率與自動化。有些服務得由人力完成部分的作業，而這種由機器學習與人力一起解決的模式稱為「人機迴圈」（human-in-the-loop）模式。

光是利用機器學習打造違規內容偵測系統也無法解決課題，因為要解決課題就必須將解決課題的工作放進工作流程。AIAnimals 必須利用違規內容偵測系統篩選與處理使用者上傳的圖片，不過，這套系統不會讓所有偵測違規內容的作業自動化。其實在所有偵測違規內容的作業之中，只有判斷圖像的作業是由機器學習負責，其他的作業還是依循現有的方法進行，或是在採用機器學習之後，視情況修正進行作業的方法。在建置機器學習模型之前，必須設計這類偵測違規內容的工作流程。

讓我們先看看現存的偵測規內容的工作。以現況而言，就是公司內部的成員在有空的時候檢查使用者上傳的圖片，若發現違規的圖片就停止圖片公開。具體的步驟如下（ 圖 3.20 ）。

1. 讓使用者上傳的圖片公開，並將該圖片納入違規內容偵測清單之中。

2. 有空的成員確認清單之中的圖片是否違規。

3. 如果圖片違規，就將該圖片新增至資料庫的違規清單，以及停止公開該圖片。如果沒有違規就維持公開的狀態。

4. 通知違規的使用者。

AIAnimals 基於人類的違規偵測工作流程

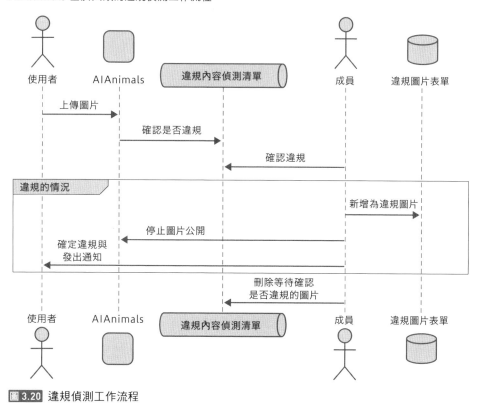

圖 3.20 違規偵測工作流程

這次會將前一頁的 1.、2.、3. 的步驟放進系統。由機器學習負責的部分為 2. 的「確認圖片是否違規」。為了讓機器學習分類圖片,必須透過機器學習將使用者上傳的圖片傳送給違規內容偵測系統,也需要將違規的圖片新增至資料庫。設計與建置這類機器學習系統就是本書的主題。

在設計違規內容偵測系統的時候,必須注意下列三個重點。

1. 是否要在上傳的圖片公開之前,判斷是否違規。

2. 當機器學習判斷為違規圖片之後,需不需要人類進行複檢。

3. 如果違規內容偵測率以及違規數量過多時,該怎麼處理?

1. 的目的在於決定內容何時公開。簡單來說，就是要先判斷是否違規再讓圖片公開，還是要在使用者上傳圖片之後，立刻讓圖片公開，同時判斷圖片是否違規。目前以人力判斷所有貼文的工作流程屬於後者的模式，所以使用者必須等待一段時間才能看到自己上傳的圖片，這對使用者來說，是不太好的使用體驗，尤其當使用者在深夜或是 AIAnimals 的維護人員下班之後的時間上傳圖片，就得等上好幾個小時，直到經營者允許圖片公開，使用者才能看到自己上傳的圖片。當然也可以直接讓深夜時段上傳的圖片公開，等到維護人員上班再處理，雖然這麼做會導致一些不該公開的圖片公開，但以目前違規的內容還不太多的情況來看，還算可容許的範圍。

假設決定「所有的圖片都必須先判斷是否違規再公開」，只要判斷違規的正確性夠高，的確可以這麼做，但是，如果常常判斷錯誤的話，就有必要另外判斷圖片是否可以公開。這種做法的優點在於使用者不會看到違反規定的內容，但缺點就是得等上一段時間才能看到上傳的圖片，而且一旦判斷錯誤，就得等更久才能公開圖片，使用者當然不喜歡這種使用方式。至於後者的「一上傳就公開，同時判斷是否違規」的做法會讓使用者看到違規的內容，所以違規內容的多寡會影響服務的健全性，但是，哪些上傳正常內容的優質使用者也會覺得這種服務很方便使用。我們很難決定是前者還是後者的方法比較正確，所以必須根據商業價值或是風險進行評估，再根據評估結果打造需要的系統。這次要以「以上傳就公開，同時判斷是否違規」的方式建置偵測「非動物圖片」的系統。

2. 的目的在於解決機器學習精確度不足的問題。由於機器學習不可能百分之一百正確，所以通常都得在判斷錯誤的時候進行補救，此時負責補救的就是人類。由人力複檢當然很花人事費與時間，而且也很難即時將違反規則的結果套用在 AIAnimals。我們可試著將品質與速度放在天秤上，衡量是否要以人力進行複檢。這當然也是根據商業價值與風險進行判斷的問題。

將 1. 與 2. 的解決方案整理成矩陣圖之後，可得到 表 3.1 的結果。

表 3.1 1. 與 2. 的解決方案的矩陣圖

		1. 是否要在上傳的圖片公開之前，判斷是否違規	
		先判斷是否違規 再讓圖片公開	圖片一上傳就公開， 同時判斷圖片是否違規
2. 當機器學習 判斷為違規 圖片之後， 需不需要人 類進行複檢	人工 複檢	在圖片公開之後，先用機器學習與人力判斷，所以使用者不太會有機會看到違規的圖片，但是公開的速度非常慢	圖片公開之後，再用機器學習與人力判斷。雖然違規的圖片有機會公開，但是誤判的風險較低
	不進行 人工 複檢	只由機器學習判斷圖片是否違規，所以使用者有可能會看到違規的圖片，或是正常的圖片有可能被誤判	速度最快，效率最高，但是誤判的風險也較高

由此可知，不管是哪個方案都各有優缺點。這次的 1. 的部分選擇「圖片一上傳就公開，同時判斷是否違規」。雖然這種做法有一些風險，但就 AIAnimals 的使用者數與違規率來看，應該沒有問題。這次的 2. 的部分選擇「人工進行複檢」。也就是說，在機器學習判斷為違規之後，由人力進行複檢。如果是這個流程，就能在機器學習判斷為違規之後，讓圖片暫時停止公開，等到人力複檢完畢，再決定是否公開。

最後的 3. 則是機器學習的精確度很高，但是違規率也很高，有許多內容都違規的情況。此時必須判斷哪些圖片違規，同時還要確定這麼多使用者違規的原因。也就是說，要一邊確認違規的傾向，一邊確認違規的原因，了解在何種狀況之下（違規率超過百分之幾，或是單日違規件數超過一定的數量時），違規的數量會多到令服務將難以繼續運作，也必須試著解決問題。

在設定作為臨界值的違規率與違規件數時，沒有所謂的標準答案。如今的 AIAnimals 已成長為擁有幾千篇貼文，每天都有數百張圖片上傳的服務。以每天都有數百張圖片上傳的情況來看，如果是每天登入很多次的重度使用者，或許能瀏覽所有的圖片，如果只是定期登入的輕度使用者，就不太可能瀏覽所有的圖片。由於違反規定的圖片會停止公開，所以輕度使用者不太有機會看到違反規定的圖片。所以這次先將違規率的臨界值設定為 10%，看看在這樣的設定之下，服務能否正常運作，以及在使用者與貼文持續增加時，會不會出現新的課題，以及每三個月就重新設定臨界值以及維護的方式。

到此，偵測違規圖片的規則與工作流程便已大致形成。圖片上傳之後再判斷是否違規，以及決定是否暫停公開的流程如下。

1. 圖片在上傳後公開。

2. 判斷圖片是否違規，一旦違規就停止公開。

3. 由人力複檢，確定圖片是否違規。

4. 如果圖片未違規就予以公開，否則就繼續停止公開，同時通知上傳該圖片的使用者。

5. 每三個月重新設定臨界值以及系統維護流程。

這次建置的違規內容偵測系統只打算找出「非動物圖片」，所以其他的違規圖片還是由人力進行篩選。換句話說，還是維持以人力篩選所有圖片的模式，而且連「非動物圖片」也是由人力篩檢。假設貼文的數量不斷增加，就必須改由機器學習篩檢所有的圖片。讓我們先試著將篩選「非動物圖片」的作業交給機器學習，看看這麼做能節省多少人力的負擔吧。

3.5 開發違規內容偵測模型

到目前為止，已經決定了要將偵測違規內容的哪個部分交給機器學習處理，也設計了完整的處理流程，接著要思考建置機器學習的方法。

在太長，接下來進入開發以機器學習偵測違規內容模型的階段。

這次的違規內容偵測模型的學習程式已於下列的 Github 儲存庫公開。於本書刊載的程式都是從儲存庫的程式節錄而來，若想了解完整的程式請自行參考儲存庫的程式。

- **shibuiwilliam/building-ml-system**

  URL https://github.com/shibuiwilliam/building-ml-system/tree/develop/chapter3_4_aianimals/violation_detection/model_development/no_animal_violation

學習程式的架構請參考 圖 3.21 。

```
no_animal_violation
├── Dockerfile: 執行學習的 Dockerfile
├── data: 儲存資料清單的資料夾
├── hydra: 存儲學習參數的資料夾
├── outputs: 儲存學生成物（例如模型）的資料夾
├── poetry.lock: 於 Poetry 定義函式庫的檔案
├── pyproject.toml: 於 Poetry 定義函式庫的檔案
├── requirements.txt: 於 Poetry 定義的函式庫清單
└── src: 儲存學習程式的資料夾
        ├── dataset: 儲存定義資料格式的程式的資料夾
        ├── jobs: 儲存執行工作的資料夾
        ├── main.py: 程式的執行檔
        ├── middleware: 儲存通用程式的資料夾
        └── models: 儲存模型定義的資料夾
```

圖 3.21 學習程式的檔案結構

為了設定機器學習模型的參數而使用了 Hydra 函式庫，這些參數也會儲存為 YAML 檔案。學習資料是圖片檔案路徑清單，這個清單會於 data 資料儲存。程式都放在 src 資料夾底下。定義資料格式的程式、定義模型的程式與執行工作的程式分別放在 dataset 資料夾、modles 資料夾、jobs 資料夾，藉此釐清程式的功能。程式會於 Dockerfile 建立 Docker 映像檔，並在啟動容器之後執行。

🔲 3.5.1 決定資料

於偵測違規使用的圖片資料為 **3.3 節**準備的資料，也就是從 Open Images Dataset 隨機採用的三萬張圖片，以及上傳至 AIAnimals 的正常圖片，正常圖片的部分共有七千張。第一步要先將資料分成學習資料與測試資料。這次打算將七成的資料當成學習資料使用，以及將三成的資料當成測試資料使用。正常圖片與違規圖片也各自分割為 7:3 的比例。AIAnimals 已將替圖片貼上了動物的類型（狗狗、貓咪）與品種（布偶貓或是鬥牛犬）的標籤。為了讓正常圖片均勻地分割成學習資料與測試資料，這次將各種品種的圖片分割學習資料 7：測試資料 3 的比例。由於違規圖片是隨機取樣的結果，所以也以隨機的方式分割為學習資料與測試資料。最終學習資料共有 19,850 張圖片（正常圖片為 5,161 張、違規圖片為 14,689 張），測試資料共有 8,502 張（正常圖片為 2,227 張、違規圖片為 6,275 張）。這些圖片的檔案路徑都以文字檔的方式儲存。

〔命令〕

```
$ pwd

building-ml-system/chapter3_4_aianimals/violation_detection/model_➡
development/no_animal_violation

$ cat data/train_animal.txt

https://storage.googleapis.com/aianimals/images/00172d4b80134982834a➡
c9fd76e59abf.jpg
https://storage.googleapis.com/aianimals/images/00242b6847d24d4d870e➡
c361bdfdc73b.jpg
https://storage.googleapis.com/aianimals/images/0039bf22c62c49139321➡
2d9d49749f45.jpg
```

利用動物圖片應用程式建置違規內容偵測系統

如此一來，就能以檔案的方式管理學習資料，如果有需要改變學習資料的內容，可隨時複檢與記錄。使用 DVC（https://dvc.org/）這種資料版本管理工具記錄資料的變更當然更加理想，但本書的版面不足，不太容易介紹這套工具的機制，所以這次於 GitHub 儲存庫管理學習資料的檔案路徑。

由於這次的學習資料為圖片，所以必須在機器學習模型進行學習與評估時下載圖片。本書為了方便讀者取得圖片，已將正常圖片與違規圖片全放在 Google Cloud Platform 的 Google Cloud Storage，而且也都開放瀏覽。由於正常圖片與 AIAnimals 的資料一樣，所以就算是一般的圖片分享應用程式（不是為了於書籍說明而開發的應用程式或是以營利為目的應用程式），也會開發瀏覽權限，並且放在 CDN（Contents Delivery Network）提供其他人使用。反觀違規圖片是用於開發的資料，所以很少會公開。讀者在開發其他應用程式的時候，請務必注意雲端儲存空間的權限設定。

3.5.2　建置模型

作為學習資料的圖片以 **3.5.1 節**說明的方式管理之外，於機器學習進行學習之際使用的檔案格式都以 src/dataset 資料夾的 schemas.py 管理。

接著要為了偵測違規圖片開發能分類正常圖片與違規圖片的機器學習模型。分類圖片的模型非常多，而這次使用的是學習速度又快又穩定的 MobileNet v3（ URL https://arxiv.org/abs/1905.02244）。MobileNet v3 是為了在智慧型手機這類裝置快速執行而開發的圖像分類深度學習模型。由於偵測「非動物圖片」的系統是於伺服器端執行，所以計算資源不像智慧型手機這類裝置那麼稀少。但是，就算計算資源很豐富，也沒有必要使用精確度很高、負擔很重的模型。這類模型的學習速度通常很慢，進行推論時，也需要大量的 CPU、GPU 與記憶體。如今都是使用雲端服務進行推論，所以使用越多 CPU 或記憶體，就得支出更多雲端服務的費用。此外，一旦在推論過程耗費過多時間，工程師就得在開發過程（學習模型或是替模型除錯）耗費更多時間，違規內容偵測系統就會更晚開發完畢，人事費用也會因此增加。在某些特定的使用情況之下，也會在推論過程造成延遲。除了這次的開發違規內容偵測系統之外，只要想利用機器學習開發模型時，都必須先從負擔較輕、成本較為合理的模型開始。如果輕量級模型已經具備相當的精確度，就不需要開發重量級模型，也能跳過那些屬於過渡階段的開發作業。基於上述的理由，這次要先使用輕量化的 MibleNet v3 進行圖片分類的學習，確認這個模型的精確度。

同樣基於上述的理由，會建議使用學習完畢的模型進行深度學習。雖然深度學習可依照用途以多種類神經迴路的架構建置，但是若從零開始寫程式，從零開始學習，恐怕會耗費不少時間。網路上已經有學習完畢的深度學習模型檔案，以 TensorFlow 函式庫為例，TensorFlow Hub（ URL https://tfhub.dev/）就公開了各種模型，至於非特定函式庫的網站則有 Hugging Face（ URL https://huggingface.co/）或是 Model Zoo（ URL https://modelzoo.co/），從這些網站都可下載學習完畢的模型。使用這些學習完畢的模型可大幅減少程式碼的份量與學習模型的時間。如果想使用的函式庫以及學習完畢的模型都已經公開，當然要先試用看看。因此這次先從 TensorFlow Hub 下載學習完畢的 MobileNet v3（ URL https://tfhub.dev/google/imagenet/mobilenet_v3_large_100_224/classification/5），再開發「非動物圖片」的機器學習模型。

接著讓我們思考以 MobileNet v3 學習「非動物圖片」違規內容偵測模型時的學習管線。學習管線的處理包含取得資料、執行前置處理、以 MobileNet v3 進行移植學習、評估與儲存學習完畢的模型。

1. 取得資料：一如前一節的 3.5.1 節所述，這次使用的資料會於 buildingml-system/chapter3_4_aianimals/violation_detection/model_development/no_animal_violation/data 資料夾儲存，而且是將正常圖片與違規圖片的 URL 分成學習資料與測試資料這兩種類別。只要存取檔案路徑就能將資料下載至學習環境。

2. 前置處理：將資料轉換成能於 MobileNet v3 學習的圖像格式。MobileNet v3 需要的圖像格式為寬 224 像素、高 224 像素、RGB 色彩模式，而且像素值必須轉換成 0 至 1 之間的浮點數（float32）的陣列。

3. 學習：將經過前置處理的圖片與各圖片的標籤（正常圖片與違規圖片）當成 MobileNet v3 的輸入資料再進行學習。

4. 評估：以測試資料的準確率（accuracy）、違規圖片的精確率（precision）、召回率（recall）評估模型。準確率是根據正常圖片與違規圖片將測試資料判斷為正確資料的比例。精確率則是在所有判斷為違規的圖片之中，真正違規的比例（誤判的比例）。召回率則是在所有違規圖片之中，成功判斷為違規圖片的比例（漏網之魚的比例）。這三個部分可透過下列的公式計算。

- True Positive（TP）：判斷為正常圖片，結果也是正常圖片的情況
- True Negative（TN）：判斷為違規圖片，結果也是違規圖片的情況
- False Positive（FP）：判斷為正常圖片，結果卻是違規圖片的情況
- False Negative（FN）：判斷為違規圖片，結果卻是正常圖片的情況
- 準確率＝（TP＋TN）／（TP＋TN＋FP＋FN）
- 精確率＝TP／（TP＋FP）
- 召回率＝TP／（TP＋FN）

5. 儲存：將學習完畢的模型以及評估結果存入於 MLflow Tracking Server 建置的模型管理服務。

一般來說，精確率與召回率是互斥的關係，就算準確率相同，只要其中一邊變高，另一邊就會下降，所以在評估多個學習模型時，必須先決定以精確率還是以召回率為優先指標。雖然提高精確率，能夠讓誤判為違規的圖片減少，卻也會讓漏網之魚增加，無法挑出所有違規的圖片。反之，若是提高召回率，就比較不會有漏網之魚，但是誤判為違規圖片的圖片就會增加。至於該以何者為優先，端看違規的貼文有多少，或是服務的經營現況。由於這次違規圖片的比例較低，所以要以召回率為優先，避免出現漏網之魚。尤其找出「非動物圖片」是 AIAnimals 首次利用機器學習偵測違規的嘗試，其他的違規圖片還是由人力進行判斷，所以沒被機器學習挑出來的「非動物圖片」還可以由人類進行複檢。從漏網之魚的多寡便可評估以機器學習偵測「非動物圖片」的有效性，也能開始思考是否要以機器學習建置偵測其他違規圖片的機制。

到此，我們確定了建置機器學習管線與模型的步驟。接著就一邊介紹程式，一邊說明開發方法。

● 取得資料

在取得資料時，會先載入資料清單檔案，接著存取公開圖片的 URL，下載需要的圖片。由於圖片的數量非常多，所以採用了並行處理（async）。

在 程式碼 3.1 的程式之中，是以 download_dataset 函數下載檔案。這個函數會先以 500 個檔案為單位分割檔案路徑清單，再利用 Pyhton 內建的佳行處理函式庫 asyncio 與 REST 用戶新函式庫 httpx 下載檔案。之所以會設定成以 500 個檔案為單位，是因為以並行處理的方式一口氣下載大量的圖片，有可能會使執行環境承受難以承受的負擔。如果 500 個檔案太多，就必須視情況調整。下載處理包含 download_files 函數與 download_file 函數。download_files 函數的部分是以 httpx 建立 REST 用戶端，而download_file 函數則是下載檔案，再將檔案以 RGB 色彩模式的圖片存入開發環境之中。

程式碼 3.1 下載圖片檔

```
# https://github.com/shibuiwilliam/building-ml-system/blob/develop/➡
chapter3_4_aianimals/violation_detection/model_development/➡
no_animal_violation/src/jobs/retrieve.py

import asyncio
import os
from io import BytesIO
from typing import List, Optional

import httpx
from PIL import Image


def download_dataset(
    filepaths: List[str],
    destination_directory: str,
) -> List[str]:
    _filepaths = []
    _f = []
    for i, f in enumerate(filepaths):
        _f.append(f)
        # 一次下載 500 張圖片。
        if i != 0 and i % 500 == 0:
            _filepaths.append(_f)
```

```
            _f = []
    _filepaths.append(_f)
    destination_paths = []
    for fs in _filepaths:
        # 利用 asyncio 進行非同步處理。
        loop = asyncio.get_event_loop()
        _destination_paths = loop.run_until_complete(
            download_files(
                filepaths=fs,
                destination_directory=destination_directory,
            )
        )
        destination_paths.extend(_destination_paths)
    # 傳回下載圖片的檔案路徑清單。
    destination_paths = [f for f in destination_paths if f is not None]
    return destination_paths


async def download_files(
    filepaths: List[str],
    destination_directory: str,
) -> List[str]:
    tasks = []
    async with httpx.AsyncClient() as client:
        # 將檔案清單放入非同步作業。
        for f in filepaths:
            basename = os.path.basename(f)
            d = os.path.join(destination_directory, basename)
            tasks.append(download_file(client, f, d))
        destination_paths = await asyncio.gather(*tasks)
    return destination_paths


async def download_file(
    client: httpx.AsyncClient,
    source_path: str,
    destination_path: str,
) -> Optional[str]:
    # 取得圖片檔。
    res = await client.get(source_path)
    if res.status_code != 200:
        return None
    img = Image.open(BytesIO(res.content))
    # 儲存圖片檔。
    img.save(destination_path)
    return destination_path
```

● 前置處理

下載圖片之後，要進行前置處理。前置處理的部分會將下載的圖片檔載入記憶體，再轉換成像素值介於 0 與 1 的浮點數（float32）的陣列，接著會在正常圖片貼上 0 這個標籤，以及在違規圖片貼上 1 這個標籤。

程式碼 3.2 會於 load_dataset 函數呼叫載入學習資料與測試資料的處理以及前置處理。load_images_and_labels 函數則會建立用於貼標籤的 Numpy 陣列（x 與 y），load_images_and_labels 函數則是逐次載入圖片，同時將圖片的像素轉換成 [0,1] 的浮點數。

程式碼 3.2 圖片檔的前置處理

```
# https://github.com/shibuiwilliam/building-ml-system/blob/develop/➧
chapter3_4_aianimals/violation_detection/model_development/➧
no_animal_violation/src/jobs/load_data.py

from typing import Any, List, Tuple

import numpy as np
from nptyping import NDArray
from PIL import Image
from src.dataset.schema import ImageShape, TrainTestDataset


def load_dataset(
    dataset: TrainTestDataset,
    shape: ImageShape,
) -> Tuple[
    Tuple[
        NDArray[(Any, Any, Any, Any), float],
        NDArray[(Any, 2), int],
    ],
    Tuple[
        NDArray[(Any, Any, Any, Any), float],
        NDArray[(Any, 2), int],
    ],
]:
    x_train, y_train = load_images_and_labels(
        negative_filepaths=dataset.train_dataset.negative_filepaths,
        positive_filepaths=dataset.train_dataset.positive_filepaths,
        shape=shape,
    )
```

```python
    x_test, y_test = load_images_and_labels(
        negative_filepaths=dataset.test_dataset.negative_filepaths,
        positive_filepaths=dataset.test_dataset.positive_filepaths,
        shape=shape,
    )
    # 傳回學習資料與測試資料。
    return (x_train, y_train), (x_test, y_test)


def load_images_and_labels(
    negative_filepaths: List[str],
    positive_filepaths: List[str],
    shape: ImageShape,
) -> Tuple[NDArray[(Any, Any, Any, Any), float], NDArray[(Any, 2), ➥
int]]:
    x = np.zeros(
        (
            len(negative_filepaths) + len(positive_filepaths),
            shape.height, shape.width, shape.depth,
        )
    ).astype(np.float32)
    y = np.zeros(
        (len(negative_filepaths) + len(positive_filepaths), 2)
    ).astype(np.uint8)

    i = 0
    # 取得正常圖片。
    for f in negative_filepaths:
        arr, label = load_image_and_label(
            filepath=f, label=0, shape=shape
        )
        if arr is not None and label is not None:
            x[i] = arr
            y[i, 0] = 1
            i += 1
    # 取得違規圖片。
    for f in positive_filepaths:
        arr, label = load_image_and_label(
            filepath=f, label=1, shape=shape
        )
        if arr is not None and label is not None:
            x[i] = arr
            y[i, 1] = 1
            i += 1
    return x, y
```

```
def load_image_and_label(
    filepath: str,
    label: int,
    shape: ImageShape,
) -> Tuple[NDArray[(Any, Any, Any, Any), float], int]:
    # 將圖片轉換成 RGB 色彩模式，以及將寬度與高度都修正為 224 像素，以及將像素值轉➔
換成介於 0 至 1 的浮點數（float32）的陣列。
    img = Image.open(filepath).convert(shape.color)
    img = img.resize((shape.height, shape.width))
    arr = np.array(img).astype(np.float32) / 255.0
    return arr, label
```

● 學習

接著是學習模型的部分。要學習模型之前，必須先定義模型。這次我們使用的是 MobileNet v3，但是要使用其他架構時，必須先將操作模型的介面定義為抽象類別。

評估的處理是定義為 Evaluation 這個資料類別。Evaluation 類別將 threshold（臨界值）、accuracy（準確率）、precision（精確率）、recall（召回率）定義為評估所需的指標。AbstractModel 類別是繼承 ABC 類別的抽象類別，定義了需要的函數與函數的參數。在定義這種機器學習模型的介面時，變數名稱與函數會隨著使用的函式庫改變。由於這次是利用 TensorFlow 的 Keras 開發，所以定義了符合 Keras 規格的介面。AbstractModel 類別定義了學習模式所需的所有函數。define_base_model 函數定義了模型，define_augmentation 函數定義了資料擴張，train 函數則負責執學習。evaluate 函數負責評估，predict 函數則負責推論。模型以 save_as_saved_model 函數儲存為 TensorFlow 的 SavedModel 格式。

定義共通的介面之後，就能在學習其他模型時，繼承 AbstractModel 類型與開發模型，也只需要替換具體類型就能進行學習。不需要在使用其他模型時，重新撰寫學習模型與評估模型的部分，開發的流程也會變得更有效率（ 程式碼 3.3 ）。

利用動物圖片應用程式建置違規內容偵測系統

程式碼 3.3 機器學習模型的抽象類別

```python
# https://github.com/shibuiwilliam/building-ml-system/blob/develop/➡
chapter3_4_aianimals/violation_detection/model_development/➡
no_animal_violation/src/models/abstract_model.py

from abc import ABC, abstractmethod
from typing import Any, List

from nptyping import NDArray
from pydantic import BaseModel


class Evaluation(BaseModel):
    threshold: float
    accuracy: float
    positive_precision: float
    positive_recall: float
    negative_precision: float
    negative_recall: float


class AbstractModel(ABC):
    def __init__(
        self,
        num_classes: int = 2,
    ):
        self.num_classes = num_classes

    @abstractmethod
    def define_base_model(
        self,
        trainable: bool = True,
        lr: float = 0.0005,
        loss: str = "categorical_crossentropy",
        metrics: List[str] = ["acc"],
    ):
        raise NotImplementedError

    @abstractmethod
    def define_augmentation(
        self,
        rotation_range: int = 10,
        horizontal_flip: bool = True,
    ):
        raise NotImplementedError
```

```python
@abstractmethod
def train(
    self,
    x_train: NDArray[(Any, 224, 224, 3), float],
    y_train: NDArray[(Any, 2), int],
    x_test: NDArray[(Any, 224, 224, 3), float],
    y_test: NDArray[(Any, 2), int],
    batch_size: int = 32,
    epochs: int = 100,
    early_stopping: bool = True,
):
    raise NotImplementedError

@abstractmethod
def evaluate(
    self,
    x: NDArray[(Any, 224, 224, 3), float],
    y: NDArray[(Any, 2), int],
    threshold: float = 0.5,
) -> Evaluation:
    raise NotImplementedError

@abstractmethod
def predict(
    self,
    x: NDArray[(Any, 224, 224, 3), float],
) -> NDArray[(Any, 2), float]:
    raise NotImplementedError

@abstractmethod
def save_as_saved_model(
    self,
    save_dir: str,
    version: int = 0,
) -> str:
    raise NotImplementedError
```

接著要繼承 AbstractModel 類別，建置 MobilenetV3 這個 MobileNet v3 的具體類別。define_base_model 函數會從 TensorFlow Hub 載入學習完畢的 MobileNet v3，再追加分類層（Softmax 層）。define_augmentation 函數則包含了反轉、移動、縮放圖片的處理。train 函數則負責進行學習（ 程式碼 3.4 ）。

程式碼 3.4 MobileNet v3 的具體類別

```
# https://github.com/shibuiwilliam/building-ml-system/blob/develop/➡
chapter3_4_aianimals/violation_detection/model_development/➡
no_animal_violation/src/models/mobilenetv3.py

from typing import Any, List

import tensorflow as tf
import tensorflow_hub as hub
from nptyping import NDArray
from sklearn.metrics import accuracy_score, precision_score, ➡
recall_score
from src.models.abstract_model import AbstractModel, Evaluation
from tensorflow import keras
from tensorflow.preprocessing.image import ImageDataGenerator


class MobilenetV3(AbstractModel):
    def __init__(
        self,
        num_classes: int = 2,
        tfhub_url: str = "https://tfhub.dev/google/imagenet/➡
mobilenet_v3_large_100_224/classification/5",
    ):
        super().__init__(num_classes=num_classes)
        self.tfhub_url = tfhub_url
        self.hwd = (224, 224, 3)

    # 定義模型。
    def define_base_model(
        self,
        trainable: bool = True,
        lr: float = 0.0005,
        loss: str = "categorical_crossentropy",
        metrics: List[str] = ["acc"],
    ):
        self.model = keras.Sequential(
            [
                hub.KerasLayer(self.tfhub_url, trainable=trainable),
                tf.keras.layers.Dense(self.num_classes, activation=➡
"softmax"),
            ],
        )
        self.model.build([None, *self.hwd])
        self.model.compile(
```

```
            optimizer=keras.optimizers.Adam(lr=lr),
            loss=loss,
            metrics=metrics,
        )

    # 資料擴張。
    def define_augmentation(
        self,
        rotation_range: int = 10,
        horizontal_flip: bool = True,
    ):
        self.train_datagen = ImageDataGenerator(
            rotation_range=rotation_range,
            horizontal_flip=horizontal_flip,
        )
        self.test_datagen = ImageDataGenerator()

    # 學習。
    def train(
        self,
        x_train: NDArray[(Any, 224, 224, 3), float],
        y_train: NDArray[(Any, 2), int],
        x_test: NDArray[(Any, 224, 224, 3), float],
        y_test: NDArray[(Any, 2), int],
        batch_size: int = 32,
        epochs: int = 10,
        early_stopping: bool = True,
    ):
        callbacks: List[keras.callbacks] = []
        # 省略。

        train_generator = self.train_datagen.flow(
            x_train,
            y_train,
            batch_size=batch_size,
            seed=1234,
        )
        test_generator = self.test_datagen.flow(
            x_test,
            y_test,
            batch_size=batch_size,
            seed=1234,
        )
        self.model.fit(
            train_generator,
            validation_data=test_generator,
```

```
            validation_steps=1,
            steps_per_epoch=len(x_train) / batch_size,
            epochs=epochs,
            callbacks=callbacks,
        )

    # 以下省略。
```

● 評估

接著是評估的部分。這次要撰寫的是 MobilenetV3 類別的 evaluate 函數與 predict 函數。這部分參照了前一節的檔案,所以省略重複的內容 (程式碼 3.5)。

在負責評估的 evaluate 函數之中,會以 predict 函數取得測試資料的推論結果,再將違規機率超過臨界值(threshold)的圖片判斷為違規圖片。用於評估的 Evaluation 類別則會取得臨界值、準確率、正常圖片的精確率與召回率,還有違規圖片的精確率與召回率。這些值都會於模型管理伺服器儲存。

程式碼 3.5 評估的定義

```
# https://github.com/shibuiwilliam/building-ml-system/blob/develop/➡
chapter3_4_aianimals/violation_detection/model_development/➡
no_animal_violation/src/models/mobilenetv3.py

# 省略。

class MobilenetV3(AbstractModel):
    # 省略。

    def evaluate(
        self,
        x: NDArray[(Any, 224, 224, 3), float],
        y: NDArray[(Any, 2), int],
        threshold: float = 0.5,
    ) -> Evaluation:
        # 取得推論結果。
        predictions = self.model.predict(x).tolist()
        y_pred = [1 if p[1] >= threshold else 0 for p in predictions]
        y_true = y.argmax(axis=1).tolist()
        # 正解率。
```

```
        accuracy = accuracy_score(y_true, y_pred)
        # 違規圖片的精確率。
        positive_precision = precision_score(
            y_true,
            y_pred,
            pos_label=1,
        )
        # 違規圖片的召回率。
        positive_recall = recall_score(
            y_true,
            y_pred,
            pos_label=1,
        )
        # 正常圖片的精確率。
        negative_precision = precision_score(
            y_true,
            y_pred,
            pos_label=0,
        )
        # 正常圖片的召回率。
        negative_recall = recall_score(
            y_true,
            y_pred,
            pos_label=0,
        )
        evaluation = Evaluation(
            threshold=threshold,
            accuracy=accuracy,
            positive_precision=positive_precision,
            positive_recall=positive_recall,
            negative_precision=negative_precision,
            negative_recall=negative_recall,
        )
        return evaluation

    def predict(
        self,
        x: NDArray[(Any, 224, 224, 3), float],
    ) -> NDArray[(Any, 2), float]:
        predictions = self.model.predict(x)
        return predictions

    # 省略
```

● 儲存

最後是儲存的處理。TensorFlow 模型的儲存格式取決於推論環境，假設是在伺服器端推論，會於 TensorFlow 使用 TensorFlow Serving 這種推論伺服器。TensorFlow Serving 會載入以 SavedModel 這種 Protocol Buffers 格式儲存的學習完畢的模型，再以 REST API 伺服器或 gRPC 伺服器的方式啟動。如果是於智慧型手機這類終端裝置進行推論 Edge AI，TensorFlow 則提供了 TensorFlow Lite 這種。TensorFlow Lite 會以專用的二進位格式儲存學習完畢的模型。SavedModel 與 TensorFlow Lite 儲存模型的格式與方法都不一樣。由於這次是於伺服器端進行推論，所以使用以 SavedModel 儲存的檔案（ 程式碼 3.6 ）。

程式碼 3.6 儲存模型

```
# https://github.com/shibuiwilliam/building-ml-system/blob/develop/➡
chapter3_4_aianimals/violation_detection/model_development/➡
no_animal_violation/src/models/mobilenetv3.py

# 省略。

class MobilenetV3(AbstractModel):
    # 省略。

    def save_as_saved_model(
        self,
        save_dir: str = "/opt/outputs/saved_model/0",
        version: int = 0,
    ) -> str:
        saved_model = os.path.join(
            save_dir,
            "no_animal_violation_mobilenetv3",
            str(version),
        )
        keras.backend.set_learning_phase(0)
        tf.saved_model.save(self.model, saved_model)
        return saved_model
```

學習所得的模型檔案與評估結果都以 mlflow 儲存於 MLflow Tracking Server。由於在 mlflow 的 tracking_url 指定了 MLflow Tracking Server 的 URL，所以可將學習歷程與生成物傳送至 MLflow Tracking Server。

為取得資料、進行前置處理，學習、評估、儲存的 main.py。由於程式太長，所以省略過於冗贅之處。

程式碼 3.7 機器學習的流程

```
# https://github.com/shibuiwilliam/building-ml-system/blob/develop/➡
chapter3_4_aianimals/violation_detection/model_development/➡
no_animal_violation/src/main.py

# 省略。

@hydra.main(
    config_path="../hydra",
    config_name=os.getenv("MODEL_CONFIG", "mobilenet_v3"),
)
def main(cfg: DictConfig):
    cwd = os.getcwd()
    task_name = cfg.get("task_name")
    experiment_name = task_name
    now = datetime.now().strftime("%Y%m%d_%H%M%S")
    run_name = f"{task_name}_{now}"

    mlflow.set_tracking_uri(
        os.getenv("MLFLOW_TRACKING_URI", "http://mlflow:5000"),
    )
    mlflow.set_experiment(experiment_name=experiment_name)
    with mlflow.start_run(run_name=run_name) as run:
        # 取得檔案清單。
        negative_train_files = read_text(filepath=cfg.dataset.➡
train.negative_file)
        # 省略；以同樣的方式取得 positive_train_files、➡
negative_test_files、positive_test_files。

        # 下載圖片檔。
        downloaded_negative_train_files = download_dataset(
            filepaths=negative_train_files,
            destination_directory="/opt/data/train/images",
        )
        # 省略；以同樣的方式取得 downloaded_positive_train_files、➡
downloaded_negative_test_files、downloaded_positive_test_files。

        train_test_dataset = TrainTestDataset(
            train_dataset=Dataset(
                negative_filepaths=downloaded_negative_train_files,
```

利用動物圖片應用程式建置違規內容偵測系統

```
                positive_filepaths=downloaded_positive_train_files,
        ),
        test_dataset=Dataset(
            negative_filepaths=downloaded_negative_test_files,
            positive_filepaths=downloaded_positive_test_files,
        ),
    )

    # 將學習資料與測試資料載入記憶體。
    (x_train, y_train), (x_test, y_test) = load_dataset(
        dataset=train_test_dataset,
        image_shape=ImageShape(
            height=cfg.dataset.image.height,
            width=cfg.dataset.image.width,
            depth=3,
            color="RGB",
        ),
    )


    # 初始化 MobileNet v3 模型。
    model = initialize_model(
        num_classes=2,
        tfhub_url=cfg.jobs.train.tfhub_url,
        trainable=cfg.jobs.train.train_tfhub,
        lr=cfg.jobs.train.learning_rate,
        loss=cfg.jobs.train.loss,
        metrics=cfg.jobs.train.metrics,
    )
    # 進行學習與評估。
    train_and_evaluate(
        model=model,
        x_train=x_train, y_train=y_train,
        x_test=x_test, y_test=y_test,
        # 省略部分參數。
    )


    # 儲存模型。
    save_as_saved_model(
        model=model,
        save_dir=os.path.join(cwd, cfg.task_name),
        version=0,
    )
    shutil.make_archive(
        "saved_model",
        format="zip",
```

```
                root_dir=os.path.join(cwd, cfg.task_name),
            )
            saved_model_zip = shutil.move(
                "./saved_model.zip",
                "/opt/outputs/saved_model.zip",
            )

            # 將模型檔案存入 MLflow Tracking Server。
            mlflow.log_artifact(saved_model_zip, "saved_model")
            # 省略。

if __name__ == "__main__":
    main()
```

🔷 3.5.3　執行工作

到目前為止，寫了學習機器學習模型的流程，接著要執行這些程式，學習違規內容偵測模型。

學習所需的參數是於 Hydra 管理。Hydra 會以 YAML 檔案格式儲存各種參數，之後會透過 Python 的 hydra 函式庫載入參數，以便讓程式應用這些參數。這次利用 MobileNet v3 打造的違規內容偵測模型的參數請參考 程式碼 3.8 。

程式碼 3.8 MobileNet v3 的參數

```
# https://github.com/shibuiwilliam/building-ml-system/blob/develop/➡
chapter3_4_aianimals/violation_detection/model_development/➡
no_animal_violation/hydra/mobilenet_v3.yaml

task_name: violation_detection_no_animal_violation_detection
dataset:
  train:
    negative_file: /opt/data/train_animal.txt
    positive_file: /opt/data/train_no_animal.txt
  test:
    negative_file: /opt/data/test_animal.txt
    positive_file: /opt/data/test_no_animal.txt
  image:
    height: 224
    width: 224
```

```
    bucket: aianimals

jobs:
  train:
    model_name: mobilenet_v3
    tfhub_url: "https://tfhub.dev/google/imagenet/mobilenet_v3_➡
large_100_224/classification/5"
    train_tfhub: true
    batch_size: 32
    epochs: 5
    learning_rate: 0.0005
    loss: categorical_crossentropy
    metrics:
      - acc
    threshold: 0.5
    augmentation:
      rotation_range: 10
      horizontal_flip: True
      height_shift_range: 0.2
      width_shift_range: 0.2
      zoom_range: 0.2
      channel_shift_range: 0.2
    callback:
      checkpoint: true
      early_stopping: true
      tensorboard: true
    save_as:
      saved_model: true
      tflite: true
```

這個程式定義了執行前一節的 main.py 所需的各種參數。以 Hydra 的 YAML 檔案管理參數，就能統整執行機器學習所需的各種參數，而且將 main.py 載入的參數存入 MLflow Tracking Server，就能以相同的 ID 管理參數、評估結果與生成物。像這樣統一管理參數與結果，就能利用各種參數重覆進行與機器學習有關的實驗。

這次的學習是於 Argo Workflows 執行。Argo Workflows 提供了以 Kubernetes 執行容器工作流程的架構。只要使用 Argo Workflows，就能以 Argo Workflows 管理各種以 Docker 容器執行的工作。Argo Workflows 是 以 Kubernetes 的 Custom Operator 運作，可在 YAML 格式的 Manifest

撰寫以工作流程執行的工作。工作流程可包含多個工作，只要傳遞工作的順序與之前的工作結果，就能打造需要的工作流程。此外，Argo Workflows 內建了判斷工作是否完成、資源分配、類似 cron 這種指定時間排程的功能，是很適合在 Kubernetes 執行工作流程的架構。

這次的違規內容偵測學習程式可利用 程式碼 3.9 的 manifest 執行。

程式碼 3.9 定義學習工作流程的 manifest

```
# https://github.com/shibuiwilliam/building-ml-system/blob/develop/➡
chapter3_4_aianimals/infrastructure/manifests/argo/workflow/➡
no_animal_violation_train.yaml

apiVersion: argoproj.io/v1alpha1
kind: Workflow
metadata:
  generateName: violation-detection-no-animal-violation-train-
spec:
    entrypoint: pipeline
    templates:
        - name: pipeline
        steps:
            - - name: violation-detection-no-animal-violation-train
                template: violation-detection-no-animal-violation-➡
train

        - name: violation-detection-no-animal-violation-train
        container:
            image: shibui/building-ml-system:ai_animals_violation_➡
detection_no_animal_violation_train_0.0.0
            imagePullPolicy: Always
            command:
            - "python"
            - "-m"
            - "src.main"
            env:
            - name: MODEL_CONFIG
                value: mobilenet_v3
            - name: MLFLOW_TRACKING_URI
                value: http://mlflow.mlflow.svc.cluster.local:5000
            resources:
            requests:
```

```
                          memory: 20000Mi
                          cpu: 2000m
          outputs:
              parameters:
              - name: mlflow-params
                  valueFrom:
                  path: /tmp/output.json
```

為了在 Argo Workflows 執行這個檔案，必須安裝 argo 命令。argo 命令可使用在官方的 https://github.com/argoproj/argo-workflows/releases 公開的 CLI 安裝。各位可先根據自己的作業環境安裝適當的 CLI。安裝完成之後，可執行下列的程式。

〔命令〕

```
$ pwd
~/building-ml-system/chapter3_4_aianimals

$ argo submit infrastructure/manifests/argo/workflow/no_animal_➡
violation_train_job.yaml
Name:                   violation-detection-no-animal-violation-train-➡
fvrtr
Namespace:              argo
ServiceAccount:         default
Status:                 Pending
Created:                Sun May 08 15:23:10 +0900 (now)
Progress:

This workflow does not have security context set. You can run your ➡
workflow pods more securely by setting it.
Learn more at https://argoproj.github.io/argo-workflows/workflow-➡
pod-security-context/
```

如此一來，就能在 Argo Workflows 新增違規內容偵測的工作流程。利用網頁瀏覽器開啟 Argo Workflows 的主控台瀏覽執行情況（ 圖 3.22 ）。

- URL https://127.0.0.1:2746/

圖 3.22 Argo Workflows 的主控台

Argo Workflows 之一的 `violation-detection-no-animal-violation-train` 啟動之後，選擇這個 Argo Workflows 就能切換至進階頁面（**圖 3.23**）。

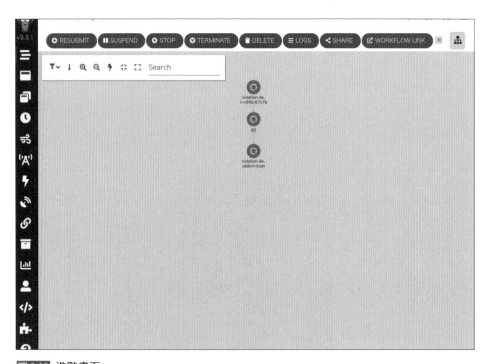

圖 3.23 進階畫面

利用動物圖片應用程式建置違規內容偵測系統

學習歷程可於主控台的 Logs 瀏覽（ 圖 3.24 ）。

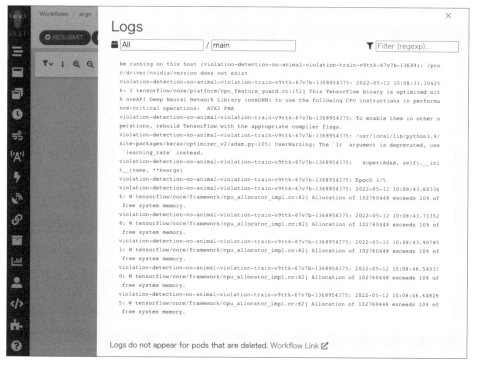

圖 3.24 歷程畫面

由於歷程記錄很長，本書就不原文刊載，但的確可從歷程記錄確認下載資料、執行前置處理、進行學習、評估與儲存模型的流程。

學習結果可於 MLflow Tracking Server 確認。MLflow 會將一連串的實驗整理成 experiment，並將實驗的個別結果整理成 run。experiment 可以命名。比方說，這次是偵測「非動物圖片」的處理，所以將這個實驗命名為 violation_detection_no_animal_violation_detection 這 個 名 字（experiment_name）。只要使用 experiment_name 就能取得個別的實驗記錄。run 也一樣能命名，不過，run 的名稱只於 MLflow 內部儲存，無法在從 MLflow 參照資料的時候使用。要參照 run 必須使用執行 run 之際自動產生的 ID（run_id）。可透過這個 experiment_name 與 run_id 存取特定的評估結果與模型檔案。

這次是在 main.py（ **程式碼 3.10** ）使用 **MLflow** 的 experiment_name 與 run_id。可以發現，這個程式指定了 violation_detection_no_animal_violation_detection 這個特定的 experiment_name，run_name 則是以日期為後綴（suffix）的格式。run_id 可透過 mlflow.start_run 產生的 run 的 info.run_id 參照。

程式碼 3.10 定義以 MLflow 管理模型所需的 experiment 與 run

```
# https://github.com/shibuiwilliam/building-ml-system/blob/develop/➡
chapter3_4_aianimals/violation_detection/model_development/➡
no_animal_violation/src/main.py

# 省略。

@hydra.main(
    config_path="../hydra",
    config_name=os.getenv("MODEL_CONFIG", "mobilenet_v3"),
)
def main(cfg: DictConfig):
    task_name = cfg.get("task_name")
    # 實驗名稱。
    experiment_name = task_name
    now = datetime.now().strftime("%Y%m%d_%H%M%S")
    # run 名稱。以執行之際的日期與時間為後綴（suffix）。
    run_name = f"{task_name}_{now}"

    mlflow.set_tracking_uri(
        os.getenv("MLFLOW_TRACKING_URI", "http://mlflow:5000"),
    )
    mlflow.set_experiment(experiment_name=experiment_name)
    with mlflow.start_run(run_name=run_name) as run:
        # 省略。

        mlflow_params = dict(
            mlflow_experiment_id=run.info.experiment_id,
            mlflow_run_id=run.info.run_id,
        )

        with open("/tmp/output.json", "w") as f:
            json.dump(mlflow_params, f)
```

這次透過 experiment_name 與 run_id 從 MLflow Tracking Server 參照了學習結果。MLflow Tracking Server 內建了網頁主控台,只需要利用網頁瀏覽器存取 http://localhost:5000/#/ 就能進入主控台(圖 3.25)。MLflow Tracking Server 的網頁主控台非常簡潔,於左側欄位點選實驗,就能於右側的主要欄位比較與選取實驗。這次只執行了一次實驗,所以實驗結果只有一行。

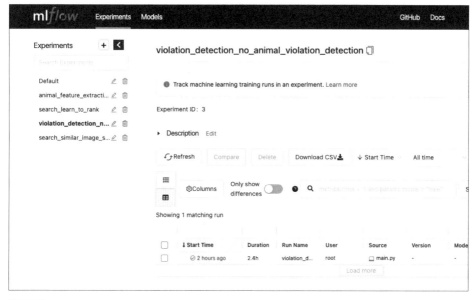

圖 3.25 MLflow Tracking Server 的網頁主控台

點選「Run Name」欄位之中的名稱就會切換至實驗結果的畫面（ 圖 3.26 ）。可於實驗結果的畫面參照評估結果。

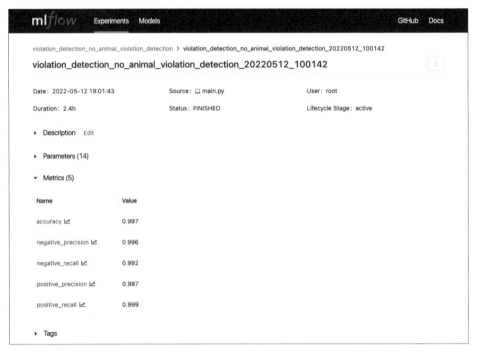

圖 3.26 實驗結果的畫面

如圖所示，本次學習的準確率（accuracy）為 0.997%、違規圖片的精確率（positive_precision）為 0.997，違規圖片的召回率（positive_recall）bf 0.999。這是以 8,504 張測試資料的圖片（正常圖片 2,228 張、違規圖片 6,276 張）進行實驗得出的結果。由於 AIAnimals 的正常圖片比違規圖片多很多，「非動物圖片」的比例大致為 0.1%，也就是 1000 張只有 1 張違規。之所以會一反常態，在學習與評估的測試資料放入較多的違規圖片，是因為比起動物圖片，沒拍到動物的圖片比較多（圖片的自由度較高），藉此讓學習與評估的測試資料能夠更加多元。不論如何，精準度如此之高的結果代表在正式的系統使用這個模型，能夠處理人類無法處理的圖片數量，漏網之魚也不會太多。之後將直接於正式的違規內容偵測系統使用這個模型。

3.6 讓違規內容偵測系統實用化

要讓機器學習實用化就必須進行機器學習之外的開發。在這次定義的違規內容偵測工作流程之中，系統的絕大部分都是由非機器學習的軟體以及人力進行。本節要說明透過人力將機器學習嵌入系統的方法。

之前學習所得的「非動物圖片」違規內容偵測機器學習模型已經可用來建置違規內容偵測系統。接下來讓我們將這個機器學習模型嵌入正式系統。為此，要先思考要打造何種正式系統。請大家先回想一下於 **3.4 節**制定的方針。

1. 圖片在上傳後公開，並且判斷圖片是否違規。

2. 由人力複檢那些被機器學習判斷為違規的圖片，確定圖片是否違規。

3. 根據違規內容偵測率與違規數，每三個月重新設定臨界值以及檢視系統。

我們知道，光是利用機器學習開發模型，無法實踐上述任何一個方針。為了實踐上述的方針，減少「非動物圖片」在 AIAnimals 公開的數量，必須將機器學習模型嵌入正式系統。為此，我們需要工具或是系統。

使用者上傳的圖片必須同時公開與偵測是否違規。資料會在公開的時候新增至 AIAnimals 資料庫的 animals 表單。在利用機器學習判斷圖片是否違規時，似乎先取得使用者上傳的圖片，再利用學習完畢的 MobileNet v3 進行推論即可。換言之，只要能夠開發在動物圖片於 animals 表單新增的同時，要求機器學習判斷該圖片是否違規的機制，就能在圖片公開的同時，判斷該圖片是否違規。

被機器學習判斷為違規的圖片會由人類進行複檢。為了進行複檢，必須請人類檢查被判斷為違規的圖片，以及讓人類在複檢完畢之後，記錄複檢結果以及決定是否讓圖片公開。

最後還得建立定期檢視違規內容偵測率與違規數，讓團隊成員調整經營方針的機制。如此一來，就算決定變更系統的規格，也不需要大費周章。

接著要根據上述的條件開發違規內容偵測系統。第一步要先思考系統的架構。

討論的重點之一就是要將違規內容偵測系統打造成單體式架構，還是拆分不同的服務。假設要將系統打造成單體式架構，就必須將學習所得的 MobileNet v3 的違規內容偵測模型嵌入後台 API，再於同一個程式建置，然後於同一個 Docker 容器進行違規內容偵測處理。反之，如果要拆分成不同的服務，代表違規內容偵測系統與後台 API 是各自獨立的服務。由於後台 API 與違規內容偵測系統的程式架構、使用的、需要的 CPU、記憶體與其他資源都截然不同，所以違規內容偵測系統與後台 API 各自獨立的架構似乎比較理想。

違規內容偵測系統該如何取得要判斷是否違規的圖片呢？方針有很多個。

1. 在使用者將圖片上傳至後台 API 的時候，同步對違規內容偵測系統發出要求。

2. 在使用者將圖片上傳至後台 API 的時候，以非同步的方式對違規內容偵測系統發出要求。

3. 讓違規內容偵測系統在資料庫搜尋還未經過違規內容偵測處理的圖片。

接著讓我們思考這三種方針的優缺點。由於「1. 在使用者將圖片上傳至後台 API 的時候，同步對違規內容偵測系統發出要求」是同步發出要求的方式，所以會在圖片上傳的同時立刻執行違規內容偵測處理。這種做法可在使用者上傳了可疑的圖片之後，在最短的時間之內由機器學習停止圖片公開，卻也因為是同步處理，所以使用者有可能得等到機器學習完成推論之後，才能看到上傳之後的結果。換言之，上傳正常圖片的使用者無法立刻看到上傳的結果。假設違規內容偵測處理的邏輯很複雜與冗長，就會讓使用者等更久。那麼「2. 在使用者將圖片上傳至後台 API 的時候，以非同步的方式對違規內容偵測系統發出要求」的方針又如何呢？2. 這種做法是先讓使用者上傳的圖片公開，再向違

利用動物圖片應用程式建置違規內容偵測系統

規內容偵測系統發出判斷圖片是否違規的要求。雖然這麼一來，需要一段時間才能讓違規圖片停止公開，但是使用者卻不需要等到機器學習完成推論之後，才能看到上傳的結果，這也有助於提升使用者經驗。最後的「3.讓違規內容偵測系統在資料庫搜尋還未經過違規內容偵測處理的圖片」則是讓違規內容偵測系統定期存取資料庫，針對那些尚未經過違規內容偵測處理的圖片進行處理。這種方式雖然不錯，但是定期搜尋記錄圖片的 animals 表單，會造成資料庫的負擔。綜上所述，這三種方針的確都有各自的優缺點，沒有完美的方法。這次採用的是讓後台 API 與違規內容偵測系統鬆散耦合，盡可能不彼此影響的「2.非同步架構」，但其他兩種方針也能打造需要的系統。

該怎麼做才能新增以非同步的方式進行違規內容偵測處理的結果呢？AIAnimals 是以關聯式資料庫儲存各種資料，所以可為違規內容偵測處理結果新增專用的 violations 表單，再將違規內容偵測處理的結果存入這個表單。之後還要撰寫根據這個結果決定是否公開圖片的機制。此外，如果能透過 violations 表單管理是否經過人力複檢的記錄，這套機制就會更加方便好用。表單資料的操作如下。

1. 違規內容偵測系統新增違規內容偵測處理結果。如果判斷為違規，就會停止公開該圖片。

2. 判斷為違規的圖片需要經過人力複檢。

3. 人力複檢完畢後，將該圖片設定為「已經過人力複檢」，假設該圖片為正常圖片，便設定為「可公開」。

為了打造上述的工作流程，可將表單的資料結構設計為 圖 3.27 。

那麼人力複檢的部分該怎麼進行呢？如果能建立入口網站與確認違規內容的畫面，應該就能順利進行人力複檢的處理。當人類在入口網站完成複檢之後，可輸入複檢完成的旗標。假設是違規圖片的旗標就保持原本的設定，假設是正常圖片的旗標，就拿掉違規的旗標。為此，我們要打造違規內容偵測處理專用的入口網站。 圖 3.28 是到目前為止的工作流程。

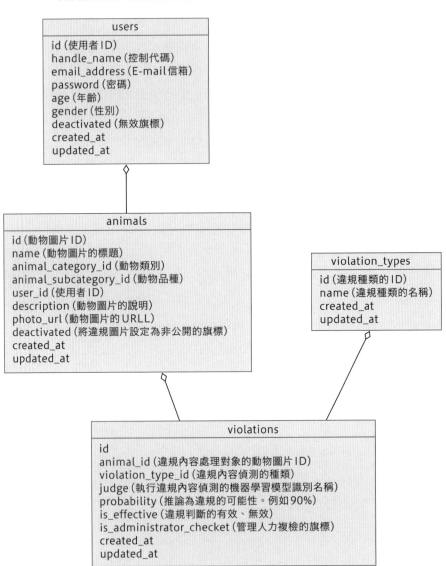

AIAnimals violation ER

users

id (使用者 ID)
handle_name (控制代碼)
email_address (E-mail 信箱)
password (密碼)
age (年齡)
gender (性別)
deactivated (無效旗標)
created_at
updated_at

animals

id (動物圖片 ID)
name (動物圖片的標題)
animal_category_id (動物類別)
animal_subcategory_id (動物品種)
user_id (使用者 ID)
description (動物圖片的說明)
photo_url (動物圖片的 URLL)
deactivated (將違規圖片設定為非公開的旗標)
created_at
updated_at

violation_types

id (違規種類的 ID)
name (違規種類的名稱)
created_at
updated_at

violations

id
animal_id (違規內容處理對象的動物圖片 ID)
violation_type_id (違規內容偵測的種類)
judge (執行違規內容偵測的機器學習模型識別名稱)
probability (推論為違規的可能性。例如 90%)
is_effective (違規判斷的有效、無效)
is_administrator_checket (管理人力複檢的旗標)
created_at
updated_at

圖 3.27 表單的資料結構

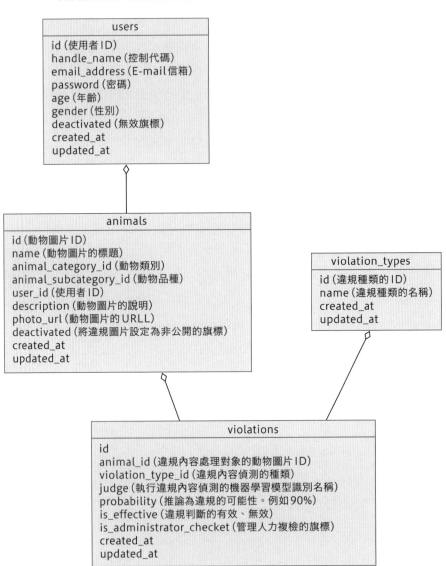

利用動物圖片應用程式建置違規內容偵測系統

1
2
3
4

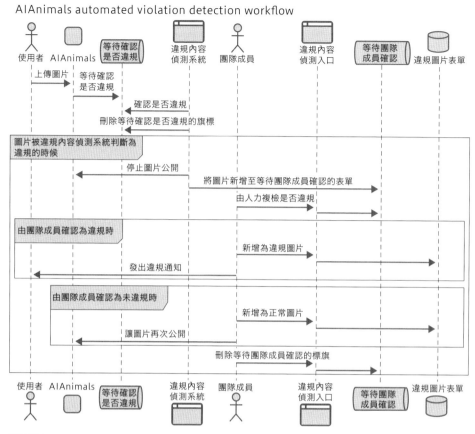

AIAnimals automated violation detection workflow

圖 3.28 工作流程

最後是檢視違規偵測數與準確率的處理。這個檢視處理會每三個月執行一次，觀察每個模型的違規偵測數、準確率以及每段期間的違規率，評估服務的健全性。這部分應該放在違規內容偵測入口網站比較好。不過，這項檢視處理不一定非得等到三個月才執行，因為有時候會突然需要統計違規內容偵測處理的結果，所以若能立刻取得統計結果會比較方便。

到目前為止，我們已經設計了讓違規內容偵測系統實用化的機制。雖然前言有點漫長，不過的確滿足了下列三個方針。

1. 圖片在上傳後公開，並且判斷圖片是否違規。
2. 由人力複檢那些被機器學習判斷為違規的圖片，確定圖片是否違規。
3. 根據違規內容偵測率與違規數，每三個月重新設定臨界值以及檢視系統。

接下來就讓我們實際打造這個工作流程。

3.6.1 以非同步推論模式打造違規內容偵測系統

違規內容偵測處理與動物圖片新增處理是以非同步的方式執行。換句話說，當動物圖片新增至 animals 表單之後，會於任意的時間點執行違規內容偵測處理，有可能會在動物圖片新增之後立刻執行，或是幾分鐘之後才執行。由於是以非同步的方式執行，所以只要在動物圖片新增至 animals 表單之後執行即可，就算違規內容偵測處理失敗，也不會對 animals 表單的資料造成任何影響。

為了實踐非同步處理，必須建立圖片的佇列。違規內容偵測系統從佇列取得圖片，進行違規內容偵測處理，再將圖片新增至 violations 表單。違規內容偵測處理的流程如下。

1. 圖片於 animals 表單新增，同時在違規內容偵測處理的佇列新增圖片 ID。
2. 違規內容偵測系統從佇列取得圖片 ID，由機器學習判斷是否為違規圖片。
3. 將判斷結果新增至 violations 表單。假設為違規圖片，將 animals 表單的 deactivated 旗標設定為 true，停止圖片公開。

這次的佇列使用於 RabbitMQ 啟動的訊息佇列服務（Message Queuing Service）。RabbitMQ 是使用 Advanced Message Queuing Protocol（AMQP）的訊息中介軟體。以伺服器運作的 RabbitMQ 負責新增與傳送訊息。後台 API 會扮演 Producer（傳送訊息的角色），將接受違規內容偵測處理的圖片的 ID 新增至 RabbitMQ，而違規內容偵測系統則會扮演 Consumer（接受訊息的角色）從 RabbitMQ 接受圖片 ID，再執行違規內容偵測處理。

在偵測「非動物圖片」時，會使用以 TensorFlow 學習的 MobileNet v3。MobileNet v3 會於 TensorFlow Serving 啟動。TensorFlow Serving 本身沒有從 RabbitMQ 接受訊息的功能，所以要另外建立作為橋樑的代理器。代理器會扮演 Consumer 的角色，負責取得圖片 ID，再下載與 ID 對應的圖片，然後向 TensorFlow Serving 發出進行違規內容偵測處理的要求，再新增處理結果。

將違規內容偵測處理的結果新增至 violations 表單的處理全由儲存庫伺服器負責。將違規內容偵測處理的推論器（包含代理器）與新增資料的處理分開，可分散故障的風險與機器的負擔。從「非動物圖片」的違規內容偵測代理器向儲存庫伺服器發出的要求也交由訊息佇列服務處理，代理器會扮演 Producer 的角色，發出違規內容偵測處理的結果，儲存庫伺服器會扮演 Consumer 的角色接受結果，再將結果新增至 violations 表單。

大致來說，違規內容偵測系統的架構如 圖 3.29 所示。

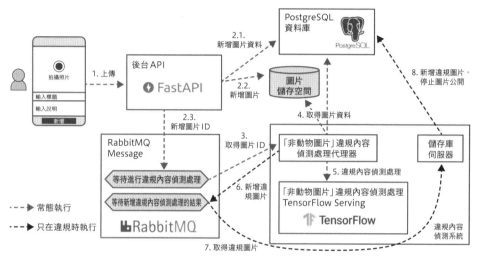

圖 3.29 架構

- Message Queuing：交換各種訊息。
- 後台 API：將使用者上傳的圖片的 ID 新增至 Message Queuing（Producer）。
- 「非動物圖片」的違規內容偵測處理代理器：從 Message Queuing 接受圖片 ID（Consumer），再對 TensorFlow Serving 發出推論的要求。從 TensorFlow Serving 接受違規內容偵測處理的結果之後，將結果新增至 Message Queuing（Producer）。
- 「非動物圖片」的 TensorFlow Serving（MobileNet v3）：推論圖片是否違規，再將結果傳送給違規內容偵測處理代理器。
- 儲存庫伺服器：從 Message Queuing 接受違規內容偵測處理的結果（Consumer），再於 violations 表單新增。如果是違規圖片，就將 animals 表單的 deactivated 變更為 true，停止該圖片公開。

如此一來，每個伺服器的功能與任務都釐清了。接著就讓我們按部就班建置吧。

Message Queuing

Message Queuing 的部分會讓 RabbitMQ 以伺服器的方式啟動。在不同環境下啟動 RabbitMQ 的方法也不一樣，如果是在 Docker-Compose 的環境啟動，可使用 程式碼 3.11 的 manifest。

程式碼 3.11 RabbitMQ 的 Docker-Compose manifest

```
# https://github.com/shibuiwilliam/building-ml-system/blob/develop/➡
chapter3_4_aianimals/docker-compose.yaml

# 省略。
  rabbitmq:
    container_name: rabbitmq
    image: rabbitmq:3-management
    restart: always
    networks:
      - default
    ports:
      - 5672:5672
      - 15672:15672
    environment:
      - RABBITMQ_DEFAULT_USER=user
      - RABBITMQ_DEFAULT_PASS=password
    hostname: rabbitmq
# 省略。
```

這次使用 RabbitMQ 提供的 `rabbitmq:3-management` 的 Docker 映像，公開了 5672 與 15672 這兩個連接埠。連接埠 5672 的用途是 AMQP，連接埠 15672 的用途為 HTTP。

後台 API

後台 API 的角色為 Producer，負責將使用者上傳的圖片新增至 Message Queuing。要從 Python 存取 RabbitMQ 可使用 pika（ URL https://pika.readthedocs.io/en/stable/）這個函式庫。利用 pika 指定存取 RabbitMQ 的主機名稱、使用者名稱與密碼，再於建立連線之後，新增（publish）與取

得（subscribe）訊息。RabbitMQ 的用戶端可透過下列的程式建置
（ 程式碼 3.12 ）。

程式碼 3.12 從後台 API 存取 RabbitMQ

```python
# https://github.com/shibuiwilliam/building-ml-system/blob/develop/➡
chapter3_4_aianimals/api/src/infrastructure/messaging.py

import json
from typing import Dict

import pika

# 省略。

class RabbitmqMessaging(AbstractMessaging):
    def __init__(self):
        super().__init__()
        self.properties = pika.BasicProperties(
            content_type="application/json",
        )

    # 建立佇列。
    def create_queue(
        self,
        queue_name: str,
    ):
        self.channel.queue_declare(
            queue=queue_name,
            durable=True,
        )

    # 將訊息新增至佇列。
    def publish(
        self,
        queue_name: str,
        body: Dict,
    ):
        self.channel.basic_publish(
            exchange="",
            routing_key=queue_name,
            body=json.dumps(body),
            properties=self.properties,
        )
```

RabbitMQ 會替佇列命名，再將訊息新交至該佇列。 程式碼 3.12 是利用 create_queue 函數建立佇列（訊息的容器）以及替佇列命名。利用 publish 函數將訊息新增至特定的佇列。訊息可利用 JSON 格式新增。

將動物圖片新增為 RabbitMQ 的訊息的程式請參考 程式碼 3.13 。

程式碼 3.13 從後台 API 將圖片新增至 RabbitMQ 的處理

```python
# https://github.com/shibuiwilliam/building-ml-system/blob/develop/➡
chapter3_4_aianimals/api/src/usecase/animal_usecase.py

# 省略。

class AnimalUsecase(AbstractAnimalUsecase):
    # 省略。

    def register(
        self,
        session: Session,
        request: AnimalCreateRequest,
        local_file_path: str,
        background_tasks: BackgroundTasks,
    ) -> Optional[AnimalResponse]:
        # 將使用者上傳的動物圖片新增至資料庫。
        id = get_uuid()
        photo_url = self.storage_client.make_photo_url(uuid=id)
        record = AnimalCreate(
            id=id,
            animal_category_id=request.animal_category_id,
            animal_subcategory_id=request.animal_subcategory_id,
            user_id=request.user_id,
            name=request.name,
            description=request.description,
            photo_url=photo_url,
        )
        data = self.animal_repository.insert(
            session=session,
            record=record,
            commit=True,
        )
        if data is not None:
            response = AnimalResponse(**data.dict())
            for q in Configurations.animal_violation_queues:
```

利用動物圖片應用程式建置違規內容偵測系統

```
# 以背景處理的方式將訊息新增至 RabbitMQ。
# 內容為動物圖片的 ID。
background_tasks.add_task(
    self.messaging.publish,
    q,
    # 以 JSON 格式將動物圖片的 ID 新增為訊息。
    {"id": data.id},
)
        return response
    return None
```

```
# 省略。
```

由於 animal_usecase.py 的內容太長，所以省略了不少部分，只列出重要的內容。將訊息新增至 Message Queuing 的處理是 程式碼 3.13 最後加上註解的部分。這部分不是特別困難的程式，只是以 JSON 格式傳遞動物圖片的 ID 而已。

● 「非動物圖片」違規內容偵測處理代理器

由後台 API 新增的訊息會由「非動物圖片」違規內容偵測處理代理器取得。取得 RabbitMQ 的訊息也是使用 pika 函式庫。取得訊息，進行違規內容偵測處理的步驟如下。

1. 等待訊息存入特定的佇列。
2. 取得存入的訊息。
3. 利用訊息之中的圖片 ID 下載圖片。
4. 向 TensorFlow Serving 發出推論要求。
5. 將推論結果新增至佇列，以便讓推論結果傳回儲存庫伺服器。
6. 回到步驟 1。

利用 pika 等待佇列的部分會寫成 Callback 函數。Callback 函數會進行上述 3. ～ 5. 的處理。具體的程式碼請參考 程式碼 3.14 。

```
# https://github.com/shibuiwilliam/building-ml-system/blob/develop/➜
chapter3_4_aianimals/violation_detection/no_animal_violation/proxy/➜
src/job/violation_detection_job.py

# 省略。

class ViolationDetectionJob(object):
    # 省略。

    def run(
        self,
        consuming_queue: str,
        registration_queue: str,
    ):
        # 取得訊息時的 Callback 函數。
        def callback(ch, method, properties, body):
            data = json.loads(body)
            animals = self.animal_repository.select(
                query=AnimalQuery(id=data["id"]),
                limit=1,
                offset=0,
            )

            animal = animals[0]
            # 執行違規內容偵測處理。
            violation = self.detect_violation(animal=animal)

            # 為了將處理結果傳送至儲存庫伺服器、
            # 將處理結果新增為佇列的訊息。
            self.messaging.publish(
                queue_name=registration_queue,
                body=violation,
            )
            # 刪除等待接受違規內容偵測處理的動物圖片的訊息。
            ch.basic_ack(delivery_tag=method.delivery_tag)

        # 取得等待接受違規內容偵測處理的動物圖片的訊息。
        self.messaging.init_channel()
        self.messaging.channel.queue_declare(
            queue=consuming_queue,
            durable=True,
        )
        self.messaging.channel.queue_declare(
```

```
            queue=registration_queue,
            durable=True,
        )
        self.messaging.channel.basic_qos(prefetch_count=1)
        self.messaging.channel.basic_consume(
            queue=consuming_queue,
            on_message_callback=callback,
        )
        self.messaging.channel.start_consuming()

    # 向 TensorFlow Serving 發出進行違規內容偵測處理的要求與取得回應。
    def detect_violation(
        self,
        animal: AnimalModel,
    ) -> Optional[Dict]:
        with httpx.Client() as client:
            # 取得圖片。
            res = client.get(animal.photo_url)
        img = Image.open(BytesIO(res.content))
        # 向 TensorFlow Serving 發出違規內容偵測處理的要求
        prediction = self.predictor.predict(img=img)
        return {
            "animal_id": animal.id,
            "violation_type_id": self.violation_type_id,
            "probability": prediction.violation_probability,
            "judge": Configurations.model_name,
            "is_effective": True,
            "is_administrator_checked": False,
        }
```

程式碼果然如想像冗長，所以省略了不少地方。這次是在 run 函數定義 Callback 函數，而 Callback 函數的內容則是從 RabbitMQ 的佇列取得訊息。接著讓 detect_violation 函數透過訊息之中的圖片 ID 下載圖片，再向 TensorFlow Serving 發出推論要求。

TensorFlow Serving 可接受來自 REST 或 gRPC 的架構的要求。這次是透過 Python 的 REST 用戶端函式庫 httpx 發出要求。向 TensorFlow Serving 發出要求的程式為 程式碼 3.15 。

```
# https://github.com/shibuiwilliam/building-ml-system/blob/develop/➡
chapter3_4_aianimals/violation_detection/no_animal_violation/proxy/➡
src/service/predictor.py

# 省略。

class Prediction(BaseModel):
    violation_probability: float


class NoViolationDetectionPredictor(AbstractPredictor):
    def __init__(
        self,
        url: str,
        height: int = 224,
        width: int = 224,
    ):
        super().__init__()
        self.url = url
        self.height = height
        self.width = width
        self.headers = {"Content-Type": "application/json"}

    # 圖片的前置處理。
    def _preprocess(
        self,
        img: Image,
    ) -> np.ndarray:
        img = img.resize((self.height, self.width))
        array = (
            np.array(img)
            .reshape(
                (1, self.height, self.width, 3),
            )
            .astype(np.float32)
            / 255.0
        )
        return array

    # 推論要求。
    def _predict(
        self,
        img_array: np.ndarray,
```

利用動物圖片應用程式建置違規內容偵測系統

```
    ) -> Optional[List]:
        img_list = img_array.tolist()
        request_dict = {"inputs": {"keras_layer_input": img_list}}
        with httpx.Client() as client:
            # 以 POST 向 TensorFlow Serving 發出要求。
            res = client.post(
                self.url,
                data=json.dumps(request_dict),
                headers=self.headers,
            )
        # 以 JSON 格式取得推論結果。
        response = res.json()
        return response["outputs"][0]

    def predict(
        self,
        img: Image,
    ) -> Optional[Prediction]:
        img_array = self._preprocess(img=img)
        prediction = self._predict(img_array=img_array)
        return Prediction(violation_probability=prediction[1])
```

_preporcess 函數會執行圖片的前置處理,將圖片調整為寬與高皆為 224 像素的大小,以及將色彩模式變成 RGB,再轉換成 Numpy 陣列,讓像素值轉換成 0 與 1 之間的浮點數(float32)。向 TesnsorFlow Serving 要求經過 _predict 函數處理的圖片陣列,再以接收回應的方式接收推論結果。

推論結果會整理成 程式碼 3.16 的 JSON 格式的文字檔,再新增為儲存庫伺服器的佇列的訊德。

程式碼 3.16 統整推論結果的 JSON 格式的文字檔

```
{
    "animal_id": animal.id,  // 動物圖片的 ID。
    "violation_type_id": self.violation_type_id, // 違規種類。➡
這部分為 no_animal_violation_detection。
    "probability": prediction.violation_probability, //推論所得的違規機率。
    "judge": Configurations.model_name, // 模型名稱。使用 MLflow 的 run_id。
    "is_effective": True, // 代表推論有效。
    "is_administrator_checked": False, // 代表尚未經過人力複檢。
}
```

於「非動物圖片」違規內容偵測處理代理器處理的訊息會從 RabbitMQ 刪除，避免進行重覆的處理。反之，如果訊息處理無法順利完成（比方說，TensorFlow Serving 無法進行處理），該訊息就會傳回 RabbitMQ，放入於代理器處理的佇列。

● 「非動物圖片」的 TensorFlow Serving（MobileNet v3）

學習完畢的 MobileNet v3 會以 TensorFlow Serving 的方式啟動。TensorFlow Serving 是 TensorFlow 進行推論的伺服器。在 TensorFlow 進行學習以及儲存為 SavedModel 的模型以 TensorFlow Serving 啟動，就能自動以擁有 gRPC 與 REST API 的端點（Endpoint）的 Web API 運作。如果是 gRPC 的話，可利用 Protocol Buffers 向 Web API 要求資料，如果是 REST API 的話，能以 JSON 格式要求資料，藉此以接收回應的方式接收推論結果。

建置包含 SavedModel 的 Docker 映像，再於 Docker 容器執行 `tensorflow_model_server` 命令，就能啟動 TensorFlow Serving。建立 Docker 映像檔的 Dockerfile 可參考 程式碼 3.17 的內容。

程式碼 3.17 TensorFlow Serving 的 Dockerfile

```
# https://github.com/shibuiwilliam/building-ml-system/blob/develop/➡
chapter3_4_aianimals/violation_detection/no_animal_violation/➡
serving/Dockerfile

ARG FROM_IMAGE=tensorflow/serving:2.9.1

FROM ${FROM_IMAGE}

ARG LOCAL_DIR=violation_detection/no_animal_violation/serving
ENV PROJECT_DIR no_animal_violation
ENV MODEL_NAME no_animal_violation
ENV MODEL_BASE_PATH /${PROJECT_DIR}/saved_model/

COPY ${LOCAL_DIR}/model/saved_model/ ${MODEL_BASE_PATH}
COPY ${LOCAL_DIR}/tf_serving_entrypoint.sh /usr/bin/tf_serving_➡
entrypoint.sh
RUN chmod +x /usr/bin/tf_serving_entrypoint.sh
```

```
EXPOSE 8500
EXPOSE 8501
ENTRYPOINT ["/usr/bin/tf_serving_entrypoint.sh"]
```

簡單來說，就只是將 SavedModel 與 tensorflow_model_server 的啟動
命令複製到 Docker 映像之中。啟動命令的內容請參考 程式碼 3.18 。

程式碼 3.18 TensorFlow Serving 的啟動命令

```
# https://github.com/shibuiwilliam/building-ml-system/blob/develop/➡
chapter3_4_aianimals/violation_detection/no_animal_violation/➡
serving/tf_serving_entrypoint.sh

#!/bin/bash

set -eu

PORT=${PORT:-8500}
REST_API_PORT=${REST_API_PORT:-8501}
MODEL_NAME=${MODEL_NAME:-"no_animal_violation"}
MODEL_BASE_PATH=${MODEL_BASE_PATH:-"/no_animal_violation/saved_model➡
/${MODEL_NAME}"}

tensorflow_model_server \
    --port=${PORT} \
    --rest_api_port=${REST_API_PORT} \
    --model_name=${MODEL_NAME} \
    --model_base_path=${MODEL_BASE_PATH}
```

上述的內容包含指定 SavedModel 的路徑與要公開的連接埠，再呼叫
tensorflow_model_server 命令。當 Docker 容器啟動，MobileNet v3 就會
如下列的記錄所示，成為 TensorFlow Serving 以及開始運作。

〔命令〕

```
$ kubectl -n violation-detection logs deployment.apps/➡
no-animal-violation-serving

Found 2 pods, using pod/no-animal-violation-serving-7c445d69c8-d7ww7
2022-05-08 06:55:10.811650: I tensorflow_serving/model_servers/➡
server.cc:89] Building single TensorFlow model file config:  ➡
```

```
model_name: no_animal_violation model_base_path: /➡
no_animal_violation/saved_model/
(…中略…)
2022-05-08 06:55:13.064946: I tensorflow_serving/model_servers/➡
server.cc:383] Profiler service is enabled
2022-05-08 06:55:13.066319: I tensorflow_serving/model_servers/➡
server.cc:409] Running gRPC ModelServer at 0.0.0.0:8500 ...
[warn] getaddrinfo: address family for nodename not supported
2022-05-08 06:55:13.067493: I tensorflow_serving/model_servers/➡
server.cc:430] Exporting HTTP/REST API at:localhost:8501 ...
[evhttp_server.cc : 245] NET_LOG: Entering the event loop ...
```

向 TensorFlow Serving 的 gRPC 或 REST API 發出圖片資料與要求，就能
取得於前一節學習所得的「非動物圖片」模型的推論結果。

● 儲存庫伺服器

接著是儲存庫伺服器的部分。儲存庫伺服器會從 Message Queuing 取得違規
內容處理的結果，再將該結果新增至 violations 表單。此外，若是違規圖
片，就會將 animals 表單的該圖片設定為 deactivate，停止該圖片公開。

從 Message Queuing 取得資料之後的處理與「非動物圖片」違規內容偵測處
理代理器（203頁）的說明一樣，都會先等待訊息進入佇列，再執行 Callback
函數。具體的內容請參考 程式碼 3.19 。

程式碼 3.19 新增違規內容偵測處理的結果

```python
# https://github.com/shibuiwilliam/building-ml-system/blob/develop/➡
chapter3_4_aianimals/violation_detection/registry/src/job/➡
register_violation_job.py

# 省略。

class RegisterViolationJob(object):
    # 省略。

    def run(
        self,
        queue_name: str,
    ):
        # 取得訊息之際的 Callback 函數。
```

```
def callback(ch, method, properties, body):
    # 將違規內容偵測處理的結果新增至資料庫。
    data = json.loads(body)
    violation = ViolationCreateRequest(**data)
    self.violation_usecase.register(request=violation)
    ch.basic_ack(delivery_tag=method.delivery_tag)

self.messaging.init_channel()
self.messaging.channel.queue_declare(
    queue=queue_name,
    durable=True,
)
self.messaging.channel.basic_qos(prefetch_count=1)
self.messaging.channel.basic_consume(
    queue=queue_name,
    on_message_callback=callback,
)
self.messaging.channel.start_consuming()
```

Callback 函數的內容很簡單，就只是將取得的資料新增至特定的表單。新增
資料的處理請參考 程式碼 3.20 。

程式碼 3.20 將違規內容偵測處理的結果新增至資料庫

```
# https://github.com/shibuiwilliam/building-ml-system/blob/develop/➡
chapter3_4_aianimals/violation_detection/registry/src/usecase/➡
violation_usecase.py

# 省略。

class ViolationUsecase(AbstractViolationUsecase):
    # 省略。

    # 將違規內容偵測處理的結果新增至違規圖片表單。
    def register(
        self,
        request: ViolationCreateRequest,
    ) -> Optional[ViolationResponse]:
        violation_id = get_uuid()
        record = ViolationCreate(
            id=violation_id,
            animal_id=request.animal_id,
            violation_type_id=request.violation_type_id,
            probability=request.probability,
```

```
            judge=request.judge,
            is_effective=request.is_effective,
            is_administrator_checked=request.is_administrator_checked,
        )
        # 將違規內容偵測處理結果新增至違規圖片表單。
        data = self.violation_repository.insert(
            record=record,
            commit=True,
        )

        # 取得臨界值。
        threshold = Configurations.thresholds[request.violation_➡
type_id]
        if record.is_effective and record.probability > threshold:
            # 如果違規內容偵測處理結果有效，而且大於臨界值，禁止動物圖片公開。
            animal_update = AnimalUpdate(
                id=request.animal_id,
                deactivated=True,
            )
            self.animal_repository.update(record=animal_update)
        response = ViolationResponse(**data.dict())
        return response
        if record.is_effective and record.probability > threshold:
            animal_update = AnimalUpdate(
                id=request.animal_id,
                deactivated=True,
            )
            self.animal_repository.update(record=animal_update)
        if data is not None:
            response = ViolationResponse(**data.dict())
            return response
        return None
```

後半段的 threshold = Configurations.thresholds[request.
violation_type_id] 會取得違規內容偵測處理的臨界值。各種違規情
況的臨界值都不一樣，只有在超過臨界值的時候，才會將 animals 表單的
deactivated 設定為 true，禁止圖片公開。

於儲存庫伺服器處理的訊息會從 RabbitMQ 刪除，避免進行重複的處理。
反之，當這個處理因為不明原因而出現錯誤，未能處理的訊息就會傳回
RabbitMQ 與存入佇列，等待之後於儲存庫伺服器進行處理。

● 部署違規內容偵測系統

最後要在 Kubernetes Cluster 部署上述這些的系統。違規內容偵測系統是由 RabbitMQ，後台 API、「非動物圖片」違規內容偵測處理代理器、「非動物圖片」的 TensorFlow Serving、儲存庫伺服器所建構，每個部分都會以不同的 Kubernees deployment 與 service 運作。RabbitMQ 與後台 API 的部分就如之前部署的內容一樣。「非動物圖片」違規內容偵測處理代理器、TensorFlow Serving、儲存庫伺服器則是第一次部署的部分。

於 Kubernetes Cluster 部署「非動物圖片」違規內容偵測處理代理的 Kubernetes manifest 請參考 程式碼 3.21 。

程式碼 3.21 「非動物圖片」違規內容偵測處理代理器的 Kubernetes manifest

```
# https://github.com/shibuiwilliam/building-ml-system/blob/develop/➡
chapter3_4_aianimals/infrastructure/manifests/violation_detection/➡
no_animal_violation_proxy.yaml

apiVersion: apps/v1
kind: Deployment
metadata:
  name: no-animal-violation-proxy
  namespace: violation-detection
  labels:
    app: no-animal-violation-proxy
spec:
  replicas: 2
  selector:
    matchLabels:
      app: no-animal-violation-proxy
  template:
    metadata:
      labels:
        app: no-animal-violation-proxy
    spec:
      containers:
        - name: no-animal-violation-proxy
          image: shibui/building-ml-system:ai_animals_violation_➡
detection_no_animal_violation_proxy_0.0.0
          imagePullPolicy: Always
          command:
            - "python"
```

```
        - "-m"
        - "src.main"
    resources:
      limits:
        cpu: 500m
        memory: "800Mi"
      requests:
        cpu: 200m
        memory: "400Mi"
    env:
    # 省略。
    # 於環境變數設定與 PostgreSQL、RabbitMQ、TensorFlow Serving➡
連線的資訊。
```

「非動物圖片」違規內容偵測處理代理器會等待訊息存入佇列再執行處理，所以只要增加 deployment 的 pod 數，就能增加並列處理的代理器數。每個啟動的容器的處理並非互相排擠的關係。「非動物圖片」違規內容偵測處理代理器會以一次一張的方式，處理使用者上傳的圖片。換言之，上傳的圖片越多，佇列就會累積更多必須盡快處理的訊息，而增加 pod 的數量，就能同時處理更多的訊息（＝上傳的圖片）。只要增加 pod 數，就能立刻進行水平式擴充。此外，代理器本身不需要太多的資源，因為處理訊息的速度如果大幅變慢，通常都是因為後半段的「非動物圖片」TensorFlow Serving 的處理變慢所導致。

「非動物圖片」的 TensorFlow Serving 是以 REST API 運作的網頁服務，相關的 Kubernetes manifest 請參考 程式碼 3.22 。

程式碼 3.22 「非動物圖片」的 TensorFlow Serving 的 Kubernetes manifest

```
# https://github.com/shibuiwilliam/building-ml-system/blob/develop/➡
chapter3_4_aianimals/infrastructure/manifests/violation_detection/➡
no_animal_violation_serving.yaml

apiVersion: apps/v1
kind: Deployment
metadata:
  name: no-animal-violation-serving
  namespace: violation-detection
  labels:
    app: no-animal-violation-serving
spec:
```

```
    replicas: 2
  selector:
    matchLabels:
      app: no-animal-violation-serving
  template:
    metadata:
      labels:
        app: no-animal-violation-serving
    spec:
      initContainers:
      # 下載模型。
      - name: model-loader
        image: shibui/building-ml-system:ai_animals_model_loader_➡
0.0.0
        imagePullPolicy: Always
        command:
          - "python"
          - "-m"
          - "src.main"
        env:
          - name: MLFLOW_TRACKING_URI
            value: http://mlflow.mlflow.svc.cluster.local:5000
          - name: MLFLOW_PARAM_JSON
            value: "{}"
          - name: TARGET_ARTIFACTS
            value: "saved_model"
          - name: TARGET_DIRECTORY
            value: "/models/no_animal_violation/"
        volumeMounts:
          - mountPath: /models/no_animal_violation/
            name: data
      containers:
        # 啟動 TensorFlow Serving。
        - name: no-animal-violation-serving
          image: shibui/building-ml-system:ai_animals_violation_➡
detection_no_animal_violation_serving_0.0.0
          imagePullPolicy: Always
          ports:
            - containerPort: 8500
            - containerPort: 8501
          resources:
            limits:
              cpu: 1000m
              memory: "1000Mi"
            requests:
              cpu: 1000m
```

```
                memory: "1000Mi"
          env:
            - name: REST_API_PORT
              value: "8501"
            - name: PORT
              value: "8500"
          volumeMounts:
            - mountPath: /models/no_animal_violation/
              name: data
      volumes:
        - name: data
          emptyDir: {}
  # 省略。
```

接著要檢討違規內容偵測系統的負擔與規模。由於 TensorFlow Serving 為 REST API 伺服器，所以只要增加伺服器的數量就能直接水平擴充資源。這次在 manifest 將 replicas 設定為 2，所以在 2 台 pod 啟動了 TensorFlow Serving。「非動物圖片」違規內容偵測處理的 TensorFlow Serving 從代理器接受到的要求會直接成為 pod 的負擔。如果負擔超過每個 pod 可處理的要求數，TensorFlow Serving 就會來不及回應，也有可能因為 pod 故障而產生錯誤。一旦發生故障，要處理的訊息就會如前面提到的傳回 RabbitMQ，等待後續再次進行處理。總之，要根據「非動物圖片」違規內容偵測處理的代理器與 TensorFlow Serving 的負荷能力調整 pod 的數量。

「非動物圖片」違規內容偵測處理的 TensorFlow Serving 會取得以「Model Loader」模式學習完畢的模型。換言之，會以 initContainer 下載模型檔案，再將該模型檔案載入 TensorFlow Serving，再啟動推論器。在 initContainer 啟動的 model_loader 會執行從儲存模型檔案的 MLflow Tracking Server 下載模型檔案的指令。從 MLflow Tracking Server 下載模型檔案時，會指定 MLflow 的 run_id，即可從 MLflow 下載需要的模型檔案。使用「Model Loader」模式的好處在於「非動物圖片」違規內容偵測處理的模型更新之際，只需要更新 run_id 就能更新 TensorFlow Serving 的 deployment。

由於儲存庫伺服器與代理器相同的處理，所以 Kubernetes manifest 的內容也很相似（ 程式碼 3.23 ）。

程式碼 3.23 儲存庫伺服器的 Kubernetes manifest

```
# https://github.com/shibuiwilliam/building-ml-system/blob/develop/➡
chapter3_4_aianimals/infrastructure/manifests/violation_detection/➡
registry.yaml

apiVersion: apps/v1
kind: Deployment
metadata:
  name: registry
  namespace: violation-detection
  labels:
    app: registry
spec:
  replicas: 2
  selector:
    matchLabels:
      app: registry
  template:
    metadata:
      labels:
        app: registry
    spec:
      containers:
        - name: registry
          image: shibui/building-ml-system:ai_animals_violation_➡
detection_registry_0.0.0
          imagePullPolicy: Always
          command:
            - "python"
            - "-m"
            - "src.main"
          resources:
            limits:
              cpu: 500m
              memory: "800Mi"
            requests:
              cpu: 200m
              memory: "400Mi"
          env:
            # 省略。
            # 於環境變數設定與 PostgreSQL、RabbitMQ、TensorFlow Serving➡
連線的資訊。
```

儲存庫伺服器也負責將其他的違規內容新增至 violations 表單，所以當違規內容偵測系統增加以及上傳的動物圖片增加，儲存庫伺服器的負擔也會變重。不過，儲存庫伺服器不需要太多資源，因為處理單一訊息的負擔不大，所以不需要經常水平擴充資源。

接下來要在 Kubernetes Cluster 部署這些部分。

〔命令〕

```
# 部署違規內容偵測系統
$ make deploy_violation_detections
kubectl apply -f portal/building-ml-system/chapter3_4_aianimals/➡
infrastructure/manifests/violation_detection/namespace.yaml
namespace/violation-detection unchanged
namespace: violation-detection
secret/regcred configured
kubectl apply -f portal/building-ml-system/chapter3_4_aianimals/➡
infrastructure/manifests/violation_detection/no_animal_violation_➡
serving.yaml
deployment.apps/no-animal-violation-serving created
service/no-animal-violation-serving created
kubectl apply -f portal/building-ml-system/chapter3_4_aianimals/➡
infrastructure/manifests/violation_detection/registry.yaml
deployment.apps/registry created
kubectl apply -f portal/building-ml-system/chapter3_4_aianimals/➡
infrastructure/manifests/violation_detection/no_animal_violation_➡
proxy.yaml
deployment.apps/no-animal-violation-proxy created
kubectl apply -f portal/building-ml-system/chapter3_4_aianimals/➡
infrastructure/manifests/violation_detection/violation_detection_➡
portal.yaml
deployment.apps/violation-detection-portal created
service/violation-detection-portal created

# 確認違規內容偵測系統正常運作
$ kubectl -n violation-detection get deploy,svc
NAME                                              READY
deployment.apps/no-animal-violation-proxy         2/2
deployment.apps/no-animal-violation-serving       2/2
deployment.apps/registry                          2/2
deployment.apps/violation-detection-portal        1/1
```

```
NAME                                  TYPE        CLUSTER-IP    PORT(S)
service/no-animal-violation-serving   ClusterIP   10.84.7.69    8500/➡
TCP,8501/TCP
service/violation-detection-portal    ClusterIP   10.84.1.108   9501/TCP
```

3.6.2　監控違規內容偵測處理

到目前為止，我們在 Kubernetes Cluster 部署了違規內容偵測系統，將這套系統當成正式系統使用。使用者上傳的圖片都會透過違規內容偵測系統檢查，如果是「非動物圖片」就視為違規圖片，也禁止該圖片公開。接下來要追加監控違規內容偵測系統的違規內容偵測入口網站。

追加違規內容偵測入口網站的主要理由共有下列兩點。

1. 讓人類複檢被機器學習判斷為違規的圖片。
2. 了解違規偵測率、違規數、偵測違規的情況。

這兩點都屬於一開始的違規內容偵測方針。為了達成上述兩點，要建立違規內容偵測入口網站。

由於違規內容偵測入口網站的建置很簡單，所以打算使用 Streamlit（ URL https://streamlit.io/）建置。Streamlit 是可利用 Python 開發網頁應用程式再公開的函式庫，內建了許多適合在資料科學、機器學習呈現資料所使用功能，例如可將表單、圖片與媒體放入內容之中的功能就是其中一種。此外，還內建了按鈕、單選按鈕、文字輸入欄位這類資料輸出或輸入的功能，所以能夠具體呈現資料之外，還能以互動性的方式操作資料。能使用 Streamlit 的程式語言只有 Python。不需要為了製作網頁介面而學習 JavaScript 或 Flutter（會 JavaScript、TypeScript 或是 Flutter 的人，當然可自行製作需要的網頁介面）。

接著讓我們思考違規內容偵測入口網站所需要的介面。開發這個入口網站的目的為前述的兩點理由，所以只需要根據這兩點理由打造介面即可。

以 1. 的人工複檢而言，由於是要判斷圖片是否為「非動物圖片」，所以必須顯示那些判斷為違規圖片的圖片。此外，也必須具備在人工複檢之後，設定圖片是否公開的功能。

至於 2. 的了解狀況而言，只需要能夠以時間軸的格式，顯示違規數以及違規律的趨勢即可。此外，若能順便顯示被判斷為違規，但其實沒有違規（經過人工複檢後，判斷為正常圖片的情況）的數量或比例，會更加理想。

要以 Streamlit 顯示的違規資訊的原始資料已於 animals 表單與 violations 表單儲存。違規內容偵測入口網站從這些表單取得資料之後，再加工成方便人類瀏覽的格式即可。一般來說，會將這種架構放入網頁應用程式之中，所以只要採用常見的網頁應用程式架構，就能以資料與 Streamlit 建置需要的違規內容偵測入口網站。比方說，MVC（Model View Controller）似乎能夠派上用場。不過，Streamlit 不是建立介面的視圖，比較接近取得與顯示資料的 Controller，所以要另外建立作為模型層（Model）與視圖（View）橋樑的資料加工層，藉此以類似 MVC 的架構打造違規內容偵測入口網站。

模型層會取存資料庫，以及取得與變更資料。由於這次程式很長，所以省略了部分內容，不過操作 animals 表單與 violations 表單的主要內容可參考 程式碼 3.24 。

程式碼 3.24 違規內容偵測入口網站的模型層

```
# https://github.com/shibuiwilliam/building-ml-system/blob/develop/➡
chapter3_4_aianimals/violation_detection/portal/src/model.py

# 省略。

class AnimalRepository(AbstractAnimalRepository):
    # 省略。

    # 取得動物資料。
    def select(
        self,
        animal_query: AnimalQuery,
        limit: int = 200,
        offset: int = 0,
    ) -> List[Animal]:
        parameters = animal_query.ids
```

```python
        ids = ",".join(["%s" for _ in animal_query.ids])

        query = f"""
        SELECT *
        FROM {self.animal_table}
        WHERE {self.animal_table}.id IN ({ids})
        LIMIT {limit}
        OFFSET {offset}
        ;
        """

        records = self.execute_select_query(
            query=query,
            parameters=tuple(parameters),
        )
        data = [Animal(**r) for r in records]
        return data

    # 將動物資料設定為無效。
    def update_deactivated(
        self,
        animal_id: str,
        deactivated: bool,
    ):
        query = f"""
        UPDATE {self.animal_table}
        SET deactivated = {deactivated}
        WHERE id = %s
        """
        self.execute_insert_or_update_query(
            query=query,
            parameters=tuple([animal_id]),
        )


class ViolationRepository(AbstractViolationRepository):
    # 省略。

    # 取得違規內容偵測處理的結果。
    def select(
        self,
        violation_query: Optional[ViolationQuery] = None,
        limit: int = 200,
        offset: int = 0,
    ) -> List[Violation]:
        parameters: List[Union[str, int, bool, float]] = []
```

```
            parameters.append(violation_query.violation_type_id)
            parameters.append(violation_query.is_effective)
            parameters.append(violation_query.is_administrator_checked)
            parameters.append(violation_query.animal_days_from)
            parameters.append(violation_query.days_from)

        query = f"""
        SELECT *
        FROM {self.violation_table}
        LEFT JOIN {self.animal_table}
        ON {self.violation_table}.animal_id = {self.animal_table}.id
        LEFT JOIN {self.violation_type_table}
        ON {self.violation_table}.violation_type_id = ➡
{self.violation_type_table}.id
        WHERE {self.violation_type_table}.id = %s
        AND {self.violation_table}.is_effective = %s
        AND {self.violation_table}.is_administrator_checked = %s
        AND {self.animal_table}.created_at > NOW() - interval `%s DAY'
        AND {self.violation_table}.updated_at > NOW() - interval ➡
'%s DAY'
        LIMIT {limit}
        OFFSET {offset}
        ;
        """

        records = self.execute_select_query(
            query=query,
            parameters=tuple(parameters),
        )
        data = [Violation(**r) for r in records]
        return data

    # 將違規內容偵測處理結果設定為有效或無效。
    def update_is_effective(
        self,
        violation_id: str,
        is_effective: bool,
    ):
        query = f"""
        UPDATE {self.violation_table}
        SET is_effective = {is_effective}
        WHERE id = %s
        """
        self.execute_insert_or_update_query(
            query=query,
            parameters=tuple([violation_id]),
```

```
    )

    # 將人工複檢的結果當成違規內容偵測處理的結果記錄。
    def update_is_administrator_checked(
        self,
        violation_id: str,
    ):
        query = f"""
        UPDATE {self.violation_table}
        SET is_administrator_checked = true
        WHERE id = %s
        """
        self.execute_insert_or_update_query(
            query=query,
            parameters=tuple([violation_id]),
        )
```

AnimalRepository 類別的 update_deactivated 函數會更新 animals 表單的 deactivated 旗標。ViolatonRepository 類別的 select 函數會取得 violations 表單的資料,而 update_is_effective 函數會更新 is_effective 旗標,update_is_administrator_checked 函數會更新 is_administrator_checked 旗標。update_deactivated 函數、update_is_effective 函數與 update_is_administrator_checked 函數都會將人力複檢的結果存入 animals 與 violations 表單。

服務層會操作模型層,加工取得的資料。此外,視圖層的操作會套用在模型層。從模型層取得表單資料之後,會將資料轉換成 pandas DataFrame 這種方便 Streamlit 操作的格式,或是以特定的條件進行彙整。**程式碼 3.25** 就是從 violations 表單取得資料之後,加工資料的程式。

程式碼 3.25 違規內容偵測入口網站的服務層

```
# https://github.com/shibuiwilliam/building-ml-system/blob/develop/➡
chapter3_4_aianimals/violation_detection/portal/src/service.py

# 省略。

class AnimalService(AbstractAnimalService):
    # 省略。
```

```python
# 取得動物資料。
def get_animals(
    self,
    ids: Optional[List[str]] = None,
) -> pd.DataFrame:
    query = AnimalQuery(ids=ids)
    limit: int = 200
    offset: int = 0
    animals = []
    while True:
        _animals = self.animal_repository.select(
            animal_query=query,
            limit=limit,
            offset=offset,
        )
        if len(_animals) == 0:
            break
        animals.extend(_animals)
        offset += limit
    animal_dicts = [animal.dict() for animal in animals]
    dataframe = pd.DataFrame(animal_dicts)
    return dataframe

# 不是違規圖片，所以將動物資料設定為有效。
def activate(
    self,
    animal_id: str,
):
    violation_query = ViolationQuery(
        animal_id=animal_id,
        is_effective=True,
    )
    violations = self.violation_repository.select(
        violation_query=violation_query,
    )
    if len(violations) > 0:
        return

    self.animal_repository.update_deactivated(
        animal_id=animal_id,
        deactivated=False,
    )

# 因為是違規圖片，所以將動物資料設定為無效。
def deactivate(
    self,
```

利用動物圖片應用程式建置違規內容偵測系統

```
        animal_id: str,
    ):
        self.animal_repository.update_deactivated(
            animal_id=animal_id,
            deactivated=True,
        )


class ViolationService(AbstractViolationService):
    # 省略。

    # 取得違規內容偵測處理的結果。
    def get_violations(
        self,
        ids: Optional[List[str]] = None,
        animal_id: Optional[str] = None,
        violation_type_id: Optional[str] = None,
        judge: Optional[str] = None,
        is_effective: Optional[bool] = None,
        is_administrator_checked: Optional[bool] = None,
        animal_days_from: Optional[int] = None,
        days_from: int = DAYS_FROM.ONE_WEEK.value,
        sort_by: str = VIOLATION_SORT_BY.ID.value,
        sort: str = SORT.ASC.value,
    ) -> pd.DataFrame:
        query = ViolationQuery(
            ids=ids,
            animal_id=animal_id,
            violation_type_id=violation_type_id,
            judge=judge,
            is_effective=is_effective,
            is_administrator_checked=is_administrator_checked,
            animal_days_from=animal_days_from,
            days_from=days_from,
        )
        limit: int = 200
        offset: int = 0
        violations = []
        while True:
            _violations = self.violation_repository.select(
                violation_query=query,
                sort_by=sort_by,
                sort=sort,
                limit=limit,
                offset=offset,
            )
```

```
            if len(_violations) == 0:
                break
            violations.extend(_violations)
            offset += limit
        violation_dicts = [violation.dict() for violation in ➡
violations]
        dataframe = pd.DataFrame(violation_dicts)
        return dataframe

    # 彙整違規內容偵測處理的結果。
    def aggregate_violations(
        self,
        violation_df: pd.DataFrame,
        column: str = AGGREGATE_VIOLATION.UPDATED_AT.value,
    ) -> pd.DataFrame:
        aggregated_df = (
            violation_df
            .groupby(violation_df[column]
            .dt.date)
            .size()
            .reset_index(name="count"))
        return aggregated_df

    # 記錄已透過人力複檢機器學習違規內容偵測處理的結果。
    def register_admin_check(
        self,
        violation_id: str,
        is_violation: bool,
    ):
        self.violation_repository.update_is_effective(
            violation_id=violation_id,
            is_effective=is_violation,
        )
        self.violation_repository
            .update_is_administrator_checked(violation_id=violation_➡
id)
```

ViolationService 類別的 get_violations 函數會取得違規內容偵測處
理的結果，並將結果轉換成 pandas DataFrame 的格式，再傳遞給視圖層。
aggregate_violations 函數則會以動物資料的建立日期或是違規記錄的更
新日期彙整違規數，再以 pandas DataFrame 的資料傳回。

這次要準備兩種視圖。一種是人工複檢所需的視圖，另一種是確認彙整結果的視圖。這兩種視圖都會利用 Streamlit 建置。

人工複檢視圖會於每張上傳的圖片列出圖片、圖片資訊（ID、名稱、說明、違規種類），大致上就是 圖 3.30 的樣子。

圖 3.30 圖片與圖片資訊

利用 Streamlit 建置視圖的程式請參考 程式碼 3.26 。

程式碼 3.26 違規內容偵測入口網站的視圖層

```
# https://github.com/shibuiwilliam/building-ml-system/blob/develop/➡
chapter3_4_aianimals/violation_detection/portal/src/view.py

import pandas as pd
import plotly.graph_object as go
import streamlit as go

# 省略。

class ViolationCheckView(AbstractViolationCheckView):
    # 省略。

    # 顯示違規圖片的清單。
    def __build_violation_container(
        self,
        violation: pd.DataFrame,
    ):
        st.markdown(f"{violation.animal_id}")
        image_col, text_col = st.columns([2, 2])
        # 顯示圖片。
        with image_col:
            st.image(violation.photo_url, width=300)

        # 顯示圖片的說明或是違規資訊。
        with text_col:
            st.markdown("### animal")
            st.write(violation.animal_id)
            st.write(violation.animal_name)
            st.write(violation.animal_description)
            st.write(f"deactivated {violation.is_animal_deactivated}")
            st.write(violation.animal_created_at)
            st.markdown("### violation")
            st.write(violation.id)
            st.write(violation.violation_type_name)
            st.write(f"judge: {violation.judge}")
            st.write(f"probability: {violation.probability}")
            st.write(f"is_effective: {violation.is_effective}")
            st.write(f"is_administrator_checked: {violation.is_➡
administrator_checked}")
            st.write(violation.updated_at)
```

```
        # 勾選是否違規的核取方塊。
        is_violating = st.checkbox(
            label=f"is {violation.violation_type_name}",
            value=violation.is_effective,
            key=f"{violation.id}_{violation.violation_type_name}_➡
{violation.updated_at}",
        )
        # 證明人工複檢完畢的按鈕。
        is_administrator_checked = st.button(
            label="administrator checked",
            key=f"{violation.id}_{violation.violation_type_name}_➡
{violation.updated_at}",
        )
        if is_administrator_checked:
            self.violation_service.register_admin_check(
                violation_id=violation.id,
                is_violation=is_violating,
            )
            if not is_violating:
                self.animal_service.activate(animal_id=➡
violation.animal_id)
            else:
                self.animal_service.deactivate(animal_id=➡
violation.animal_id)

    def build(self):
        st.markdown("# Violation check")
        violation_df = self.violation_service.get_violations()
        # 顯示違規圖片清單。
        for _, violation in violation_df.iterrows():
            self.__build_violation_container(violation=violation)
```

__build_violation_container 函數會列出違規圖片的清單。畫面左側
會顯示圖片，右側會顯示說明以及其他的文字內容，下方則會顯示勾選違規內
容偵測處理的結果是否正確的核取方塊，以及經過人工複檢的確認按鈕。點選
確認按鈕，violations 表單的 is_effective 旗標、is_administrator_
checked 旗標與 animals 表單的 deactivated 旗標就會更新。這個視圖雖
然簡單，卻包含了各種人工複檢所需的元件。

彙整違規內容偵測處理結果的視窗會顯示違規歷程表單以及依照時間軸排序的每日彙整結果的長條圖。視圖的結構如 圖 3.31 所示。

圖 3.31 依照時間軸排序的每日彙整結果的長條圖

建置這個視圖的程式為 程式碼 3.27 。

程式碼 3.27 違規內容偵測入口網站的視圖層（接續）

```python
# https://github.com/shibuiwilliam/building-ml-system/blob/develop/➡
chapter3_4_aianimals/violation_detection/portal/src/view.py

import pandas as pd
import plotly.graph_object as go
import streamlit as go

# 省略。

class ViolationListView(AbstractViolationListView):
    # 省略。

    # 於表單顯示違規結果。
    def __build_table(
        self,
        violation_df: pd.DataFrame,
    ):
        st.dataframe(violation_df)

    # 以圖表彙整違規結果。
    def __build_graph(
        self,
        aggregated_violation_df: pd.DataFrame,
        column: str,
    ):
        fig = go.Figure()
        violation_trace = go.Bar(
            x=aggregated_violation_df[column],
            y=aggregated_violation_df["count"],
        )
        fig.add_trace(violation_trace)
        st.plotly_chart(fig, use_container_width=True)

    def build(self):
        st.markdown("# Violations")

        violation_df = self.violation_service.get_violations()
        if not violation_df.empty:
            # 彙整違規資訊。
            aggregated_violation_df = self.violation_service.➡
```

```
aggregate_violations(
        violation_df=violation_df,
        column=aggregated_violation,
    )

    self.__build_table(violation_df=violation_df)
    self.__build_graph(
        aggregated_violation_df=aggregated_violation_df,
        column=aggregated_violation,
    )
else:
    st.markdown("# no violation found")
```

Streamlit 可將 pandas DataFrame 的表單或是以 Plotly（ URL https:// plotly.com/python/）繪製的圖表嵌入視圖。只要將 pandas DataFrame 與 Plotly 的圖片傳遞給 `streamlit.dataframe` 函數或是 `stramlit.plotly_chart` 函數就能繪圖，也能快速建置視圖。

到目前為止，我們以 Streamlit 建置了違規內容偵測入口網站。由於只需要使用 Python 就能打造視圖與互動性操作，所以就算不熟悉前台開發流程，也能打造一個提供公司內部人員使用的網頁應用程式。

3.7 總結

如此一來，我們總算替 AIAnimals 建置了違規內容偵測系統，也讓這套系統成功運作了。除了動物圖片之外，只要是讓使用者上傳內容的網頁服務，都可依照營運方針設定違規的內容、判斷違規的標準以及工作流程。由於這次是動物圖片分享應用程式以將非動物的圖片判斷為違規圖片，最後也由人力複檢處理結果。為了判斷圖片是否為動物圖片，我們準備了一個資料夾，將迄今為止發布的動物圖片視為正常，並從免費的資料夾中取得沒有動物出現的圖片作為違規的圖片，之後再利用這些資料夾建置違規內容偵測模型，以及讓違規內容偵測系統實用化。不過，這套違規內容偵測系統應該無法判斷未曾上傳至 AIAnimals 的動物是正常圖片還是違規圖片。此外，若要進一步將判斷的範圍擴張至「動植物」，就必須重新製作正常圖片與違規圖片的資料集。換句話說，當 AIAnimals 的營運方針改變，違規的定義就會跟著改變，違規內容偵測模型與系統的架構也會跟著改變。

此外，以目前的上傳量以及違規偵測數來看，還可利用人工進行複檢，但是當營運規模擴大十倍或是一百倍，以人工進行複檢的工作流程恐怕就無法維持品質。雖然可讓人工複檢的人力增加十倍或是一百倍，但從經營的角度來看，盈餘的成長幅度若是小於人事費的增加幅度，那麼即使貼文的數量變多，營業利益率還是有可能因為人工複檢的人事費而下滑，此外，增加人力不代表能維持人工複檢的效率與品質，新進的人力必須先學習人工複檢的流程以及複檢所需的品質。如此一來，有可能得重新檢視違規內容偵測系統的工作流程，重新定義 AIAnimals 的違規標準與停損基準。

總結來說，這次發表的是目前的 AIAnimals（雖然這套服務還處於需要投資的階段，開發成員與人力也都還不夠，但應該會繼續成長）所能打造的違規內容偵測系統與工作流程。一如本書開頭所述，工作流程與系統是根據課題解決的劇本或制約所開發，一旦事業規模或是組織擴張（或縮小），有可能就不再需要打造系統或是解決課題，對於系統的要求也有可能不一樣。這次為了讓使用者開心地使用 AIAnimals 而打造了違規內容偵測系統，但是當使用者人數成長，或是使用者族群改變，使用者對於 AIAnimals 的要求也會跟著改變，而為了以機器學習快速回應使用者的要求，就得更新機器學習所需的資料，或是定期檢視系統架構、軟體資源以及使用機器學習的方法。

CHAPTER 4

於動物圖片應用程式的搜尋功能使用機器學習

要讓 AIAnimals 變得更方便的關鍵之一,就是搜尋的方便性。由於 AIAnimals 累積了大量的動物圖片,所以使用者在瀏覽時,通常只想瀏覽喜歡的動物或圖片,此時大部分的使用者都會使用關鍵字或分類篩選動物圖片,但是,搜尋結果若能越接近使用者想要的動物圖片,使用者經驗想必更美好,所以**第 4 章**要利用機器學習改善搜尋功能。本章主要會建立兩種搜尋系統,一種是排序學習,也就是排序搜尋結果的手法,另一種則是利用向量相似度搜尋法,搜尋與目前正在瀏覽的圖片相似的圖片。

4.1 動物圖片應用程式的搜尋功能

> 許多智慧型手機應用程式都具有搜尋功能，而 AIAnimals 也提供了搜尋動物圖片的功能。讓我們先了解這套服務的搜尋機制。

AIAnimals 這套智慧型手機應用程式也能搜尋上傳的圖片（ **圖 4.1** ）。

這套應用程式可透過關鍵字、動物的類別與品種搜尋，也能排序搜尋結果。比方說，輸入「可愛」這個關鍵字，再於動物類別選擇「貓」，以及在品種選擇「布偶貓」，然後以「從新到舊」的順序排序搜尋結果，就會得到如 **圖 4.2** 的結果。

圖 4.1 搜尋使用者上傳的圖片

圖 4.2 以「可愛」「貓」「布偶貓」搜尋，再以「從新到舊」的順序排序搜尋結果

由於 AIAnimals 已公開了許多動物圖片,所以若能讓使用者想瀏覽的圖片排在前幾個搜尋結果,應該就能改善使用者體驗。AIAnimals 的搜尋系統是由 圖 4.3 的元件所建置。

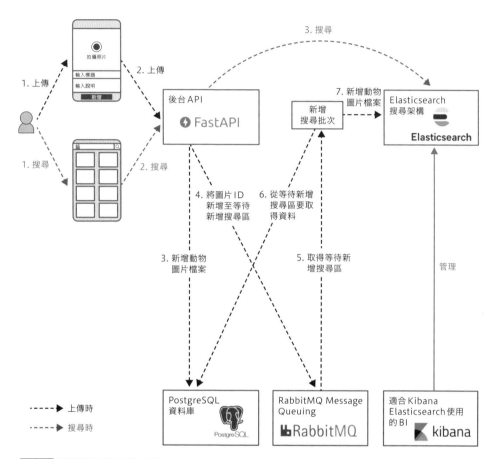

圖 4.3 搜尋系統的元件架構

- 後台 API:接受智慧型手機應用程式發出的搜尋要求,從搜尋架構取得搜尋結果以及回應結果。

- 搜尋架構:使用 Elasticsearch 以及關鍵字、動物類別、動物品種搜尋圖物圖片。

- 新增搜尋批次:將使用者上傳的動物圖片新增至 Elasticsearch。

關鍵字搜尋以及根據動物類別、動物品種進行搜尋的分類搜尋都可利用 Elasticsearch（ URL https://www.elastic.co/jp/elasticsearch/）建置。Elasticsearch 為分散型搜尋引擎，具備高速搜尋大量資料的功能。要利用 Elasticsearch 搜尋內容，就必須先將資料新增至 Elasticsearch，這部分會由新增搜尋批次負責。當使用者將動物圖片上傳至 AIAnimals，後台 API 就會扮演 Producer 的角色，將貼文的訊息新增至 RabbitMQ 的佇列，而新增搜尋批次則會扮演 Consumer 的角色，從佇列取得訊息，再將資料新增至 Elasticsearch。於 Elasticsearch 新增的動物圖片就是 AIAnimals 的搜尋目標。搜尋時，會對後台 API 的搜尋 API 發出要求。

搜尋 API 會根據使用者輸入的搜尋條件（關鍵字、類別、品種、排序條件）對 Elasticsearch 發出搜尋要求。Elasticsearch 會利用搜尋條件找出符合條件的動物圖片以及排序搜尋結果，再傳回搜尋結果。

由此可知，AIAnimals 的內容搜尋功能是由新增功能以及 API 組成。讓我們試著透過機器學習改善搜尋體驗。

4.1.1　篩選與排序

大部分的內容搜尋功能都具備篩選與排序內容的功能。所謂的篩選就是根據搜尋條件從上傳至服務的資料之中找出適當的資料。AIAnimals 會利用關鍵字在名稱或說明這類文字內容進行搜尋，還會利用分類（類別、品種）搜尋適當的資料。排序則是在篩選資料之後，將資料排序成適當的順序。一般來說，會依照分數排序篩選的資料。所謂的分數就是與篩選條件的匹配度。讓我們先看看具體的例子吧。

假設 Elasticsearch 已經新增了 3 筆動物圖片（ 表 4.1 ）。

表 4.1 於 Elasticsearch 新增的 3 筆動物圖片

ID	名稱	說明	類別	品種	「按讚」數	上傳日期
0	威廉	可愛的家人	貓	布偶貓	5	2020 年 2 月 1 日
1	キュート的瑪格利特	太可愛了！	貓	挪威森林貓	10	2020 年 9 月 1 日
2	我是小瞬	初次見面！	狗	迷你雪納瑞	2	2020 年 10 月 1 日

假設以關鍵字：「可愛」、類別：「貓」、品種：「布偶貓」搜尋，哪一筆內容最適合？

以 ID：0 的內容而言，說明的部分是「可愛」，類別是「貓」，品種則是「布偶貓」，所以完全符合上述的搜尋條件。ID：1 的內容則是關鍵字與品種的部分不吻合，但是類別的「貓」卻符合搜尋條件。ID：2 則是沒有一項吻合。假設每符合一個搜尋條件就能得到 1 分，那麼 ID：0 的內容可得到 3 分，ID：1 可得到 1 分，ID：2 則為 0 分。若依照分數高低排序，搜尋結果將會是 ID：0、ID：1、ID：2 的順序。

另一方面，關鍵字的「可愛」也還有討論的空間。語言有所謂的相似詞[1] 或是異音同義詞（發音不同，但意思相同的詞彙）。換句話說，意思一樣，卻是不同的單字。比方說，「可愛」與「キュート」可說是類似語，而且日文也有意思、發音都相同的平假名、片假名與漢字，光是「可愛」就能寫成「かわいい」「可愛い」「カワイイ」這些發音相同、型態不同的詞彙。所以若不將這些相似詞或是不同的標記方式納入搜尋條件，有可能就無法搜尋到需要的內容。比方說，ID：1 的名稱為「キュート的瑪格利特」，說明則是「太可愛了！」。「キュート」與「太可愛了」都可視為「可愛」的相似詞或是不同的標記方式，所以 ID：1 應該在「可愛」這個搜尋項目加分，如此一來，ID：1 就會加2 分，總計就是 3 分，與 ID：0 並駕齊驅，這代表 ID：1、ID：0、ID：2 的排序也是正確的。

---

[1] 本書不使用「類義語」而使用「相似詞」這種說法。理由是因為本書要搜尋的不是意思相近的詞彙，而是型態相似的詞彙。

不過，以由高至低的分數排序不一定是最理想的方式。請大家看看上述內容的「按讚」數。「按讚」數代表使用者有多麼喜歡這些內容。每位使用者只能對每筆內容按一次讚，換言之，「按讚」數就是支持者的人數。若以「按讚」數比較每一筆內容，就會發現 ID：0 得到了 5 個讚，ID：1 得到了 10 個讚，ID：2 得到了 2 個讚。如果以從多到少的「按讚」數重新排序搜尋結果，就會得到 ID：1、ID：0、ID：2 這個排序結果。由於「按讚」數越多，代表喜歡該筆內容的使用者越多，所以這種排序說不定比較理想。

此外，也能根據由新到舊的上傳日期排序。上傳日期越新，代表看到這筆內容的使用者越少，喜歡狗狗的使用者有可能會喜歡還沒看過的 ID：2 的圖片，所以根據由新到舊的上傳日期排序也有其道理所在。此時會得到 ID：2、ID：1、ID：0 這個結果，與根據分數排序的結果恰恰相反。

此外，如果以更嚴格的篩選條件篩尋，排除一個條件都不吻合的內容會得到什麼結果？假設以關鍵字：「可愛」、類別「貓」、品種「布偶貓」為搜尋條件，ID：0 與 ID：1 都至少符合了 1 個條件，唯獨 ID：2 沒有符合任何條件，所以可排除 ID：2，只排序 ID：0 與 ID：1，再傳回排序之後的搜尋結果。

透過各種篩選與排序的邏輯，傳回最符合搜尋條件的搜尋結果正是搜尋系統存在的目的。篩選與排序這兩項功能不一定得使用機器學習建置，也可以使用「建立規則」的方式建置。如果打算沿用 Elasticsearch，基本上可透過沒有機器學習的篩選與排序功能得到搜尋結果。若想利用更複雜的條件進行高階的搜尋，則可以考慮使用機器學習。如果已經利用「建立規則」的方式打造了理想的搜尋功能，就不需要特別改用機器學習。這次為了改善 AIAnimals，以及挑戰更高階的技術，打算試著在搜尋系統應用機器學習，也會為大家說明整個過程。

4.2 利用機器學習改善搜尋功能

這次為了改善 AIAnimals 的搜尋功能，要利用機器學習建立篩選與排序的邏輯。

本章要試著利用機器學習改善搜尋功能。在改善搜尋功能的時候，會挑戰下列的課題。

1. 建立相似詞詞典，避免搜尋結果疏漏

2. 利用排序學習排序搜尋結果

3. 利用圖片搜尋

1. 的「建立相似詞詞典，避免搜尋結果疏漏」會使用學習完畢的日語分散表現 fastText 建立搜尋單字的相似詞詞典。替常搜尋的單字建立相似詞詞典，可在使用者利用該單字搜尋時，連同包含相似詞的單字一併搜尋，降低搜尋疏漏的風險。

2. 的「利用排序學習排序搜尋結果」則會利用排序學習排序搜尋結果。排序學習會在利用單字、分類這些搜尋條件搜尋動物圖片之後，根據受歡迎程度排序搜尋結果。由於最符合搜尋條件的內容不一定就是使用者最想瀏覽的內容，所以會利用過去的存取歷程記錄以及「按讚」數進行排序學習，藉此了解受歡迎程度，再重新排序搜尋結果。

3. 的「利用圖片搜尋」會利用圖片搜尋類似的動物圖片。類似圖片搜尋功能會擷取圖片的特徵向量，搜尋其他具備相似特徵向量的圖片。

這次要透過上述三種方式改善 AIAnimals 的瀏覽體驗，讓使用者在各種條件之下，都能依照理想的排序方式瀏覽動物圖片。

此外，在改善搜尋功能時，從模型的開發到發佈都自動化，動物圖片或是使用者的行動記錄也新增了資料之後，搜尋功能也必須能夠根據這些變更進行搜尋。AIAnimals 這類開放使用者上傳內容的應用程式，必須在內容與使用者增加時，讓搜尋功能能夠搜尋新資料。這部分除了要改善搜尋佇列，還得更新處理資料的機器學習模型。資料更新的頻率越是頻繁，就越不容易以人力開發與發佈所有的機器學習模型。打造定期讓模型利用新資料進行學習，以及發佈模型的機器學習管線，將可有效率地完成上述的工作。

4.3 建立相似詞詞典

> 以日語來說，即使意義與發音相同，還是能以不同的文字標記。比方說，以「か
> わいい」搜尋的使用者應該會想看到與「可愛い」「カワイイ」與「キュート」
> 對應的內容，這次我們要利用相似詞詞典避免搜尋時，漏掉上述這些內容。

替 AIAnimals 常見的搜尋單字建立相似詞詞典，能有效改善搜尋功能。相似
詞詞典的功能在於搜尋的時候，提供搜尋單字的相似詞。使用相似詞詞典可在
搜尋「かわいい」的時候，連同「かわゆい」這類近似的單字以及「キュー
ト」這類意思為「可愛」的單字一併搜尋。使用者在搜尋時，很少會了同一個
意思同時輸入「かわゆい」「かわいらしい」「きゃわいい」這類單字，通常都
只會以單一的單字（例如「かわいい」）搜尋，但其實使用者想要的是與「か
わいい」意象相符的內容，所以才需要建立相似詞詞典，強化搜尋功能。

建立相似詞詞典的方針如下[譯註]。

1. 使用前 100 個常見搜尋單字建立。

2. 利用通用的單字向量建立。

3. 將相似詞詞典放入快取記憶體，以便在需要的時候使用。

4. 當使用者以相似詞詞典之中的單字搜尋，就從相似詞詞典取得相似詞再進
   行搜尋。

要打造上述的工作流程，就得先思考利用相似詞進行搜尋的架構。讓使用者發
出搜尋要求的端點是後台 API，後台 API 會從使用者發出的要求取得必要的

譯註　本節所謂的「相似詞」指的是日文獨有的一種詞語概念，除了意思接近之外，語詞的組成結構也很相似；與
　　　中文的「相似詞」著重於意思相近的概念並不完全相同。

　　　本節依照範例建置的「相似詞辭典」僅適用於日文，為了維持範例脈絡與應用機器學習的重點，本節保留原
　　　文說明時使用的日文範例。

　　　雖然此功能無法一體適用於中文，但作為介紹應用程式的功能開發，本範例仍值得讀者一窺其貌。

資料（搜尋單字、搜尋分類、相似詞、順序），再將這些資料放入搜尋佇列，然後向搜尋架構的 Elasticsearch 發出搜尋要求。Elasticsearch 的搜尋結果會從後台 API 傳給使用者。相似詞會利用 fastText 這種單字向量取得，但是每搜尋一次，就要利用 fastText 取得一次相似詞，效率實在不佳，所以要利用批次處理先找出常用搜尋單字的相似詞，再將這些相似詞放進快取記憶體，藉此建立相似詞詞典，如此一來，當使用者搜尋時，就能從相似詞詞典取得相似詞，強化搜尋功能。要打造上述這套工作流程可採用 圖4.4 的架構。

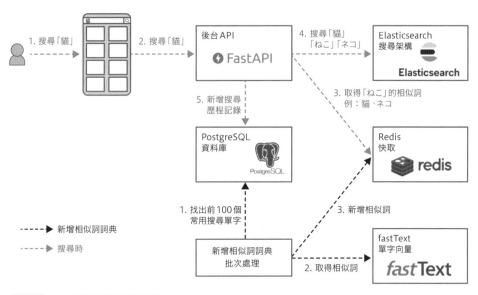

圖4.4 建立相似詞詞典的架構

4.3.1　存取歷程記錄與常用搜尋單字

要改善搜尋功能就必須知道使用者會使用哪些單字或是分類搜尋，也要知道使用者看到哪些搜尋結果會開心。使用者會不斷地搜尋，瀏覽大量的內容，所以我們不太可能採訪所有的使用者，了解他們喜歡哪些搜尋結果，因此我們要根據使用者對搜尋結果採取的行動評估搜尋結果的實用性。

要想驗證實用性就必須說明搜尋畫面與圖片的內容畫面，請參考 圖4.5 。

圖 4.5 搜尋與內容的畫面

使用者可在搜尋畫面與內容畫面進行下列的動作。

1. 忽略搜尋結果,或是離開搜尋畫面。
2. 從搜尋結果進入內容畫面。
3. 花時間瀏覽內容。
4. 替內容「按讚」。

在上述的四種動作之中,1. 代表使用者對內容沒興趣,反之,2.、3.、4. 代表使用者對內容有點興趣。因此,我們可將搜尋條件以及使用者 2.、3.、4. 的行動儲存為存取歷程記錄。

這次為了簡化流程，會讓使用者的存取歷程記錄從智慧型手機應用程式傳送至後台 API。主要是在後台 API 新增記錄存取歷程記錄的端點，讓存取歷程記錄新增至資料庫。儲存了使用者操作智慧型手機應用程式流程的存取歷史記錄通常會利用 Firebase 這套工具（ URL https://firebase.google.com/）記錄，但這次為了簡化流程，會直接在後台 API 建置歷程記錄收集功能。各位讀者在開發智慧型手機應用程式的時候，建議利用 Firebase 或是其他的 SDK 收集使用者的操作歷程記錄。

接著要決定資料庫新增存取歷程記錄的規格。如果是通用的存取歷程記錄通常會以 JSON 格式儲存，但這次為了方便，決定建立專用的 access_logs 表單，儲存經過正規化的存取歷程記錄。access_logs 表單的結構請參考 圖4.6 。

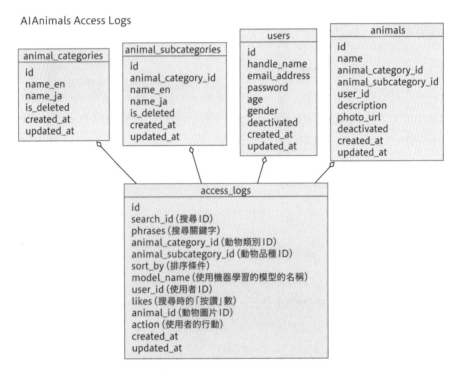

圖4.6 access_logs 表單的結構

為了包含所有搜尋條件，這次在 access_logs 表單的 phrases 欄位儲存搜尋關鍵字，在 animal_category_id 儲存動物類別，在 animal_subcategory_id 儲存品種，在 sort_by 儲存排序條件，在 user_id 儲存使用者 ID，在 likes 儲存使用者在瀏覽內容時，內容的「按讚」數，以及在

animal_id 儲存使用者瀏覽的動物圖片 ID，最後在 action 記錄使用者的行動。使用者在智慧型手機應用程式執行上述 2.、3.、4. 的行動時，都會這些行動存入 access_logs 表單。

這次要根據這個 access_logs 表單改善搜尋功能，所以需要大量的存取歷程資料。由於請各位讀者打開 AIAnimals 應用程式、瀏覽圖片與新增存取歷程資料是件很麻煩的事，所以這次在 程式碼 4.1 新增了用於示範的存取歷程資料。

程式碼 4.1 存取歷程資料的範例

```
// https://github.com/shibuiwilliam/building-ml-system/blob/develop/➜
chapter3_4_aianimals/dataset/data/access_logs.json

{
    "access_logs": [
        {
            "id": "bb0e2227c89a4e0a8980a26badd741a7",
            "phrases": [],
            "animal_category_id": null,
            "animal_subcategory_id": "16",
            "user_id": "4ff47f70335d4acd9ebf08dfa272e996",
            "likes": 0,
            "animal_id": "83024dcf28334d0b88244d5b3282dd84",
            "action": "select",
            "created_at": "2021-10-23 06:56:27.566439",
            "search_id": "70b451d27612465b8ccc3d8ce3b88226",
            "sort_by": "created_at",
            "model_name": null
        },
        {
            "id": "8c189935b47f42b4b41a121e219472c6",
            "phrases": [],
            "animal_category_id": null,
            "animal_subcategory_id": "16",
            "user_id": "4ff47f70335d4acd9ebf08dfa272e996",
            "likes": 1,
            "animal_id": "83024dcf28334d0b88244d5b3282dd84",
            "action": "like",
            "created_at": "2021-10-23 06:56:27.566439",
            "search_id": "9dd81449245b417f941f35b57485459d",
            "sort_by": "created_at",
            "model_name": null
        },
```

```
       ...
    ]
}
```

上述的檔案準備了接近 10 萬筆的存取歷程資料（作者自己新增的）。這些存取歷程資料可新增至 access_logs 表單，當成示範用的存取歷程資料使用。將這些存取歷程資料新增至 access_logs 表單的處理會於啟動後台的時候執行。

前置作業雖然有點久，不過這麼一來，就能知道哪些單字常被當成搜尋關鍵字使用了。接下來，讓我們從 access_logs 表單取得資料，找出常用搜尋單字。

表4.2 前 10 名常用搜尋單字	
單字	筆數
犬	3,791
ねこ	3,658
可愛い	3,305
ネコ	3,171
いぬ	3,152
かっこいい	3,113
癒やし	3,109
カッコいい	3,030
かわいい	3,005
猫	2,919

從 access_logs 表單取得所有資料，再從記錄搜尋單字的 phrases 欄位計算單一個單字出現的次數。彙整作為示範的存取歷程記錄之後，可得到 表4.2 所示的結果，從中可以知道前 10 名常用的搜尋單字。

如此一來，就知道在 AIAnimals 最常用的搜尋單字是哪些單字了。

4.3.2 利用單字向量建立相似詞詞典

接著要利用 fastText 建立常用搜尋單字的相似詞詞典。fastText 是 Meta 公司（Facebook 公司）提供的單字向量函式庫，主要是量化單字，再計算單字之間的距離。要學習單字向量表述，通常會使用 Wikipedia、Twiiter 這類網路的公開資料，而這次使用的 fastText 也會使用 Wikipedia 的日語內容以及利用 Common Crawl（https://commoncrawl.org/）從網頁爬取的資料。利用各國語言學習的 fastText 的檔案可從下列的網頁下載。

- **Word vectors for 157 languages**
  URL https://fasttext.cc/docs/en/crawl-vectors.html

fastText 儲存了大量的單字與單字向量，所以學習完畢的 fastText 檔案也超過 1GB 以上。要使用 fastText 得先載入這個 1GB 的檔案，所以程式得花不少時間啟動。

利用單字向量 fastText 進行相似詞搜尋時，可對學習完畢的 fastText 發出單字的請求，就能從儲存於 fastText 的單字取得向量接近的單字。搜尋「かわいい」（ 表 4.3 ）或「キュート」（ 表 4.4 ）相似詞的程式以及搜尋結果請參考 程式碼 4.2 。

程式碼 4.2 搜尋相似詞

```
# https://github.com/shibuiwilliam/building-ml-system/blob/develop/➡
chapter3_4_aianimals/batch/similar_word_registry/src/service/➡
similar_word_predictor.py

import gensim
from pydantic import BaseModel

# 省略。

class Prediction(BaseModel):
    similar_word: str
    similarity: float


class SimilarWordPredictor(AbstractSimilarWordPredictor):
    def __init__(
        self,
        model_path: str,
    ):
        self.model_path = model_path
        # 載入 fastText。
        self.load_model()

    def load_model(self):
        self.model = gensim.models.KeyedVectors.load_word2vec_format(
            self.model_path,
            binary=False,
        )

    def predict(
        self,
        word: str,
```

```
        topn: int = 10,
    ) -> List[Prediction]:
        # 從 fastText 取得相似詞。
        similar_words = self.model.most_similar(
            positive=[word],
            topn=topn,
        )
        results = [
            Prediction(
                similar_word=w[0],
                similarity=w[1],
            )
            for w in similar_words
        ]
        return results
```

表 4.3 「かわいい」的相似詞

相似詞	相似度分數（餘弦相似度）
可愛い	0.901591420173645
カワイイ	0.8545205593109131
かわいく	0.8436409831047058
かわいらしい	0.8096976280212402
かわゆい	0.8043860197067261
かわいかっ	0.8012732267379761
可愛らしい	0.7945642471313477
可愛く	0.784429669380188
可愛かっ	0.7735334634780884
かわいらしく	0.7301262617111206

表 4.4 「キュート」的相似詞

相似詞	相似度分數（餘弦相似度）
可愛らしい	0.7799679040908813
愛らしい	0.7610669732093811
かわいらしい	0.7397773861885071
カワイイ	0.7266101241111755
可愛らしく	0.7264688014984131
かわいい	0.7194453477859497
可愛い	0.7144368290901184
ラブリー	0.7124805450439453
チャーミング	0.708221971988678
愛らしく	0.7043545246124268

由於日語可利用漢字、平假名、片假名的組合或變形標記同一個單字，所以與「かわいい」相似的前幾名單字都是「かわいい」的另一種標記方式。fastText 的相似詞搜尋可取得單字以及以餘弦相似度取得相似度分數。所謂的餘弦相似度就是向量之間的距離，越高代表單字越相似，最高的值為 1（完全一致）。

接著要利用 fastText 建立相似詞詞典，但每次搜尋單字都要使用 fastText 搜尋相似詞，實在太沒效率。為了執行 程式碼 4.2 ，要先在程式載入學習完畢的

fastText 再初始化（load_model 函數），然後根據使用者搜尋的單字取得相似詞（predict 函數）。執行這個程式需要高階的 CPU 以及大量的記憶體，回應的速度也不會太快，因此，讓 fastText 先找出前 100 個常用搜尋單字的相似詞，再將相似詞放進快取記憶體，當成相似詞詞典使用。當使用者以常用搜尋單字搜尋時，就能直接從快取記憶體的相似詞詞典取得相似詞。

從 fastText 取得單字的相似詞，再存入快取記憶體的程式請參考 程式碼 4.3 。

程式碼 4.3 建立相似詞詞典

```
# https://github.com/shibuiwilliam/building-ml-system/blob/develop/➡
chapter3_4_aianimals/batch/similar_word_registry/src/usecase/➡
similar_word_usecase.py

# 省略。

class SimilarWordUsecase(AbstractSimilarWordUsecase):
    # 省略。

    def register(
        self,
        top_n: int = 100,
    ):
        data: Dict[str, int] = {}
        # 取得存取歷程記錄。
        access_logs = self.access_log_repository.select()
        for access_log in access_logs:
            for a in access_log.phrases:
                if a in data.keys():
                    data[a] += 1
                else:
                    data[a] = 1

        # 依照搜尋次數排序。
        sorted_data = sorted(
            data.items(),
            key=lambda item: item[1],
            reverse=True,
        )
        # 取得前 100 個常用搜尋單字。
        top_words = {k: v for k, v in sorted_data[:top_n]}
        for word in top_words.keys():
            # 取得 10 個相似詞。
            similar_words = self.similar_word_predictor.predict(
```

```
                word=word,
                topn=10,
        )
        # 根據單字建立索引鍵。
        cache_key = self.__make_cache_key(word=word)
        cache_value = self.__make_cache_value(similar_words=➡
similar_words)
        # 將相似詞新增至快取。
        self.cache_client.set(
            key=cache_key,
            value=cache_value,
        )
```

這次為了簡化流程，取得了前 100 個常用搜尋單字，以及分別取得與這些單字相似的 10 個相似詞。不過，若是 fastText 沒有的單字就無法搜尋相似詞，也無法於相似詞詞典新增。

🔲 4.3.3　於搜尋功能應用相似詞詞典

最後要於搜尋功能應用相似詞詞典。當使用者搜尋動物圖片時，後台 API 會接受使用者發出的要求，再利用 Elasticsearch 搜尋。在使用 Elasticsearch 進行搜尋時，有好幾種方法可以將關鍵字置換成意思相似的詞彙，其中之一就是使用 Synonym（同義詞），在 Elasticsearch 新增特定單字的同義詞，就能在搜尋該單字的時候，連同同義詞一併搜尋。另一種方法是搜尋多個單字，也就是替單字設定權重的搜尋方式。Elasticsearch 能一次指定多個單字再搜尋，而且還能替每個單字指定權重，越是與權重較高的單字吻合的內容，分數就越高，也越有機會出現在搜尋結果裡。這次要以替多個單字指定權重的方式建置搜尋系統。

這次的搜尋系統會根據使用者輸入的單字從相似詞詞典取得相似詞。不過，會在單字與相似詞加上權重，讓兩者有所區分，比方說，搜尋單字的權重為 1.0，相似詞為 0.3，可在指定權重值的部分多花一點心思（例：可利用 fastText 的餘弦相似度設定相似詞的權重），不過這次直接使用固定的值。

替搜尋單字與相似詞設定權重，再將搜尋佇列（JSON 格式）傳給 Elasticsearch 的程式請參考 程式碼 4.4 。當使用者輸入「かわいい」，就會同時使用「カワイイ」「可愛い」「可愛らしい」這幾個相似詞進行搜尋。

程式碼 4.4 搜尋佇列範例

```
GET _search
{
  "sort" : [
    "_score"
  ],
  "query": {
    "bool": {
      "should": [
        {
          "function_score": {
            "boost": 1.0,
            "query": {"bool": {"should": [
                  {"terms": {"description": ["かわいい"]}}
                ]}}
          }
        },
        {
          "function_score": {
            "boost": 0.3,
            "query": {"bool": {"should": [
                  {"terms": {"description": ["カワイイ"," 可愛い ",➡
"可愛らしい"]}}
                ]}}
          }
        }
      ]
    }
  }
}
```

替 Elasticsearch 的搜尋單字指定權重的工具為 function_score。
function_score 的規格與使用方式請參考下列的官方文件。

- **Elasticsearch Guide：Function score query**

    URL　https://www.elastic.co/guide/en/elasticsearch/reference/current/query-dsl-
    functionscore-query.html

接著要追加動物類別與品種這類分類資訊再搜尋。這種搜尋功能所需的後台
API 程式請參考 **程式碼 4.5** 。由於程式非常長，在此予以大幅省略。

```
# https://github.com/shibuiwilliam/building-ml-system/blob/develop/➡
chapter3_4_aianimals/api/src/usecase/animal_usecase.py

from fastapi import BackgroundTasks

# 省略。

class AnimalUsecase(AbstractAnimalUsecase):
    def __init__(
        self,
        cache: AbstractCache,
        search_client: AbstractSearch,
        # 部分省略。
    ):
        super().__init__(
            cache=cache,
            search_client=search_client,
            # 部分省略。
        )
    def search(
        self,
        request: AnimalSearchRequest,
        background_tasks: BackgroundTasks,
        limit: int = 100,
        offset: int = 0,
    ) -> AnimalSearchResponses:
        search_id = get_uuid()
        model_name = None
        sort_by = AnimalSearchSortKey.value_to_key(
            value=request.sort_by,
        )
        query = AnimalSearchQuery(
            animal_category_name_en=request.animal_category_en,
            animal_category_name_ja=request.animal_category_ja,
            animal_subcategory_name_en=request.animal_subcategory_en,
            animal_subcategory_name_ja=request.animal_subcategory_ja,
            phrases=request.phrases,
            sort_by=sort_by,
        )
        # 省略使用快取記憶體的部分。

        # 取得相似詞
        similar_words: List[str] = []
        for phrase in request.phrases:
```

```
                similar_words_key = self.__make_similar_word_cache_key(
                    word=phrase,
                )
                # 從快取記憶體取得存入快取記憶體的搜尋結果。
                cached_similar_words = self.cache.get(key=similar_words_➡
  key)
                _similar_words = self.__extract_similar_word_value(
                    similar_words=cached_similar_words,
                )
                similar_words.extend(list(_similar_words.keys()))
            similar_words = list(set(similar_words))
            AnimalSearchQuery.similar_words = similar_words

            # 利用 Elasticsearch 搜尋
            results = self.search_client.search(
                index=ANIMAL_INDEX,
                query=query,
                from_=offset,
                size=limit,
            )

            # 省略。

            searched = AnimalSearchResponses(
                hits=results.hits,
                max_score=results.max_score,
                results=[
                    AnimalSearchResponse(
                        **r.dict(),
                    )
                    for r in results.results
                ],
                offset=results.offset,
                search_id=search_id,
                sort_by=sort_by.value,
                model_name=model_name,
            )
            return searched
```

在 程式碼 4.5 之中，是於 results = self.search_client.search() 以
Elasticsearch 用戶端向 Elasticsearch 發出搜尋要求。Elsticsearch 用戶端
的程式碼請參考 程式碼 4.6 。這個程式也非常冗長，因此予以大幅省略。

```
# https://github.com/shibuiwilliam/building-ml-system/blob/develop/➡
chapter3_4_aianimals/api/src/infrastructure/search.py

from elasticsearch import Elasticsearch

# 省略。

class ElasticsearchClient(AbstractSearch):
    def __init__(self):
        super().__init__()
        self.es_client = Elasticsearch()
        # 部分省略。

    # 以分類或是其他項目指定必要的搜尋條件。
    def __add_must(
        self,
        key: str,
        value: str,
    ) -> Dict:
        return {"match": {key: value}}

    # 利用 function_score 替搜尋單字或是相似詞指定權重。
    def __make_function_score(
        self,
        phrases: List[str],
        boost: float = 1.0,
    ) -> Dict:
        return {
            "function_score": {
                "boost": boost,
                "query": {
                    "bool": {
                        "should": [
                            {"terms": {"description": phrases}},
                            {"terms": {"name": phrases}},
                        ]
                    }
                },
            }
        }

    def search(
        self,
```

```
        index: str,
        query: AnimalSearchQuery,
        from_: int = 0,
        size: int = 100,
    ) -> AnimalSearchResults:
        q: Dict[str, Dict] = {"bool": {}}
        musts = []
        shoulds = []
        # 建立佇列文字（部分省略）。
        if len(query.phrases) > 0:
            should = self.__make_function_score(
                phrases=query.phrases,
                boost=1.0,   # 搜尋單字的權重為1.0。
            )
            shoulds.append(should)
        if len(query.similar_words) > 0:
            should = self.__make_function_score(
                phrases=query.similar_words,
                boost=0.3,   # 相似詞的權重為0.3。
            )
            shoulds.append(should)

        if len(musts) > 0:
            q["bool"]["must"] = musts
        if len(shoulds) > 0:
            q["bool"]["should"] = shoulds

        # 向Elasticsearch發出搜尋請求。
        searched = self.es_client.search(
            index=index,
            query=q,
            from_=from_,
            size=size,
        )
        return searched
```

如此一來，就建立了相似詞詞典，也能根據搜尋單字使用相似詞進行搜尋了。

4.4 利用排序學習排序搜尋結果

利用機器學習改善搜尋結果的超實用方法之一就是排序學習。排序學習是替搜尋結果排名的技術，只要以由高至低的順序替搜尋結果排名，就能依照受歡迎的程度排序搜尋結果。

排序學習是機器學習的一種，可用來推論目標的順序，比方說，可用來替搜尋結果重新排序，也就是利用排序學習推論搜尋結果受歡迎的程度，再替搜尋結果重新排序。排序學習的學習資料包含搜尋條件，以及搜尋結果內容清單。學習目標是內容清單的順序。排序學習可依照這種排序方式分類：

1. 單點法（Pointwise）：根據搜尋條件計算每筆內容的分數再排序。
2. 配對法（Pairwise）：根據搜尋條件每次評估兩筆內容的優劣，再讓較優質的內容排在上位。
3. 列表法（Listwise）：根據搜尋條件評估所有內容的優劣，再讓較優質的內容排在上位。

本書雖然不會介紹排序學習的理論與細節，但這次要試著使用最簡單的單點法建置排序學習，藉此重新排序搜尋結果。排序學習常於搜尋系統或是推薦系統使用，也有不少相關的研究，有興趣的讀者可自行調查。

使用排序學習替搜尋結果重新排序的流程如下：

1. 使用者輸入搜尋單字或分類，進行搜尋。
2. 從 Elasticsearch 取得搜尋結果。
3. 利用排序學習替搜尋結果重新排序。
4. 將重新排序過的搜尋結果回應給使用者。

這次要利用 LightGBM 開發排序學習。LightGBM 的函式庫內建了 LightGBMRanker（ URL https://lightgbm.readthedocs.io/en/latest/

pythonapi/lightgbm.LGBMRanker.html）這套排序學習專用的 API。只要使用這個 API 就能快速學習排序學習模型。接著讓我們利用 LightGBMRanker 學習單點法排序學習模型，再將這個模型嵌入搜尋功能。

排序學習會將搜尋條件以及搜尋結果的動物圖片內容當成輸入資料使用。搜尋條件包含關鍵字、動物類別與品種，搜尋結果則包含動物圖片 ID、動物圖片內容的屬性（名稱、說明、類別、品種）。搜條件與動物圖片內容都是分類資料或文字資料，所以在輸入機器學習之前，必須先轉換為特徵值。在此要注意的是，在進行搜尋所需的推論時，必須針對所有搜尋結果，也就是動物圖片內容進行前置處理。一旦前置處理佔用的資源太多，就會導致搜尋結果太晚傳回，使用者也會覺得這種搜尋功能很難使用。因此，我們要先建立動物圖片內容的特徵值，減少排序學習的推論的負擔。

不管是學習時，還是推論時，都必須使用相同的特徵值。如果使用了不同的特徵值，就會對沒有學習過的特徵值進行推論，得到錯誤的推論結果。

排序學習的推論會另外建置一台 API 伺服器，藉此與後台 API 分開。具體來說，會另外建立具有 REST API 的推論服務。當使用者輸入搜尋條件以及搜尋結果的動物圖片 ID，推論服務就會取得特徵值再進行推論。此外，Elasticsearch 雖然內建了排序學習的外掛程式，但本書不會使用這個外掛程式。若對 Elasticsearch 的排序學習外掛程式有興趣，可參考下列的官方文件。

- **Docs：Elasticsearch Learning to Rank: the documentation**
  URL　https://elasticsearch-learning-to-rank.readthedocs.io/en/latest/

學習完畢的排序學習模型會隨著時間而退化。換句話說，當使用者存取各種動物圖片內容，不斷上傳新的動物圖片，排序學習模型就會與最新的資料慢慢乖離，也無法推論出使用者想要的順序，所以排序學習模型必須定期學習與更新。

接著讓我們整理上述的流程，爬梳排序學習所需的系統元件。

- 建立特徵值批次處理：建立特徵值，再將特徵值存入特徵值儲存空間。於 Argo Workflows 執行這個批次處理。

- 特徵值儲存空間：儲存與提供動物圖片內容的特徵值。會於 Redis 快取儲存。

- 排序學習的學習批次處理：定期讓排序學習模型重新學習與發佈新模型。於 Argo Workflows 執行這個批次處理。

- 後台 API：接收來自智慧型手機的搜尋要求，再從搜尋系統取得搜尋結果與回應結果的搜尋 API。利用排序學習重新排序搜尋結果時，會對排序學習服務發出要求。

- 搜尋架構（Elasticsearch）：根據搜尋條件提供搜尋結果。

- 排序學習服務。使用學習完畢的學習模型，替搜尋結果的動物圖片內容排序。以 REST API 的方式運作。

將這些元件的相關性畫成圖，可得到 **圖 4.7** 的架構。

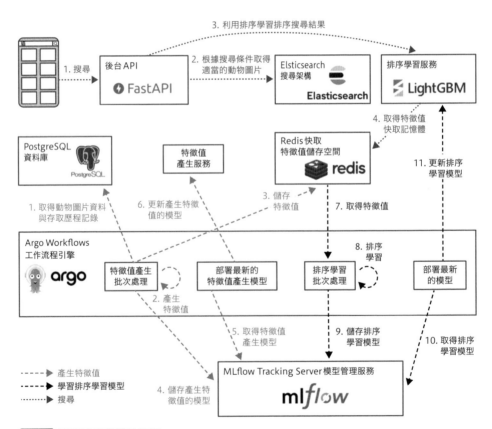

圖 4.7 實現排序學習的架構

接著讓我們根據這個架構建置應用排序學習的搜尋系統。

🔵 4.4.1　製作資料

首先要製作排序學習所需的資料。排序學習會利用過去的搜尋歷程記錄、動物圖片內容以及相關的評估結果學習。學習資料會利用 animals 表單與 **4.3 節**說明的 access_logs 表單製作。

動物圖片內容的資料會從 animals 表單取得。具體來說，會使用動物圖片內容的名稱、說明、類別、品種（分別為 name、description、animal_category_id、animal_subcategory_id 欄位）。這次要將這些欄位的內容全部轉換成特徵值，再將這些特徵值存入特徵值儲存空間。

處理動物圖片內容的資料的重點在於讓那些在製作資料時學習到的特徵值生成邏輯於使用者上傳新的動物圖片之際循環使用。換言之，在製作資料的時候，會利用現有的資料學習前置處理模型，接著再利用這個前置處理模型產生現有資料的特徵值。當使用者上傳新的動物圖片，再利用這個前置處理模型產生新的特徵值。這些來自新內容的特徵值必須存入特徵值儲存空間，所以要利用學習完畢的前置處理模型產生新內容的特徵值，再將特徵值存入特徵值儲存空間。

那麼搜尋條件資料又該怎麼處理？能於 AIAnimals 使用的搜尋條件為關鍵字與分類（動物類別與品種）。這些曾經當成搜尋條件的資料都存在 access_logs 表單之中。這次會使用 access_logs 表單之中的搜尋條件資料學習搜尋條件的前置處理。由於每次的搜尋條件都不一樣，所以無法將搜尋條件的特徵值存入特徵值儲存空間。不管是在學習還是推論時，都需要產生搜尋條件的特徵值，所以為了在學習排序學習模型時產生搜尋條件的特徵值，要先學習前置處理模型，再儲存這個前置處理模型，以便在後續的推論使用。

用於搜尋的動物圖片內容則會根據 access_logs 表單的行動欄位（action 欄位）評估。如果使用者花了較多的時間瀏覽搜尋結果或是替搜尋結果「按讚」，就將該動物圖片內容排序搜尋結果的前段班。

● 動物圖片內容的前置處理

第一步要先建立一套機制，以便產生與儲存動物圖片內容的特徵值。針對現有的動物圖片內容產生特徵值的前置處理會製作成定期執行的批次處理。反觀利用學習完成的前置處理模型產生新動物圖片內容的特徵值的處理，則會製作成隨著新上傳的動物圖片內容執行的非同步處理。

當成特徵值使用的內容為動物圖片內容的名稱、說明、類別、品種，而這些內容都必須決定該進行哪些前置處理。名稱與說明都是日語的文字資料，動物類別與品種則是分類資料。因此，名稱與說明要進行形態素解析，利用 TF-IDF（Term Frequency Inverse Document Frequency）轉換成向量，至於動物類別與品種則利用 One Hot Encoding 量化。

文字資料的形態素分析會使用 MeCab（ URL https://taku910.github.io/mecab/）進行。所謂形態素分析就是針對日文這種單字與單字之間沒有任何空白，斷句不明顯的語言，將句子分割成單字的技術。MeCab 為主流的日語形態素解析器，能將日語的句子分割成單字，而且還能分析單字的詞性（名詞、動詞或是形容詞）。針對日語句子進行形態素解析的範例如下。[譯註]

```
テキスト：「吾輩は　である。たくさん食べる。」
結果：
吾輩      名詞 , 代名詞 , 一般 , * , * , * , 吾輩 , ワガハイ , ワガハイ
は        助詞 , 係助詞 , * , * , * , * , は , ハ , ワ
          名詞 , 一般 , * , * , * , * ,    , ネコ , ネコ
で        助動詞 , * , * , * , 特殊・ダ , 連用形 , だ , デ , デ
ある      助動詞 , * , * , * , 五段・ラ行アル , 基本形 , ある , アル , アル
。        記    , 句点 , * , * , * , * , 。 , 。 , 。
たくさん  名詞 , 副詞可能 , * , * , * , * , たくさん , タクサン , タクサン
食べる    動詞 , 自立 , * , * , 一段 , 基本形 , 食べる , タベル , タベル
。        記    , 句点 , * , * , * , * , 。 , 。 , 。
EOS
```

由上可知，MeCab 可將日語句子分割成單字，得到句子之中的詞類。不管處理的是日語還是英語，自然語言處理的重點都是從單字取得文章的特徵。若是單字之間有空格的英語就比較容易將句子分割成單字，不過，日語單字之間沒有空白或是其他的間隔字元，所以就得透過形態素分析將文章分割成單字。

譯註　為保留範例脈絡，此處保留原文說明時使用的日文範例。

於動物圖片應用程式的搜尋功能使用機器學習

當文章透過形態素解析分割成單字之後，會只留下足以說明文章意思的名詞、動詞與形容詞，之後再利用 TF-IDF 從這些單字取得向量表示（vector representation）。TF-IDF 是量化單字的重要度的手法，主要是利用單字的出現頻率評估單字的重要度。TF-IDF 可從 scikit-learn（ URL https://scikit-learn.org/stable/modules/generated/sklearn.feature_extraction.text.TfidfVectorizer.html）的函式庫使用。

針對動物圖片內容的說明進行前置處理的程式可參考 程式碼 4.7 。此外，名稱的前置處理程式與說明的前置處理程式類似，因此予以省略。

程式碼 4.7 說明的前置處理

```
# https://github.com/shibuiwilliam/building-ml-system/blob/develop/➡
chapter3_4_aianimals/batch/feature_registry/src/service/➡
feature_processing.py

import MeCab
from sklearn.base import BaseEstimator, TransformerMixin
from sklearn.feature_extraction.text import TfidfVectorizer
from sklearn.pipeline import Pipeline

# 省略。

# 利用 MeCab 進行形態素解析。
class DescriptionTokenizer(BaseEstimator, TransformerMixin):
    def __init__(
        self,
        stop_words=STOP_WORDS,
    ):
        self.stop_words = stop_words
        self.tokenizer = MeCab.Tagger()

    # 分割單字，只留下名詞、動詞與形容詞。
    def tokenize_description(
        self,
        text: str,
        stop_words: List[str] = [],
    ) -> List[str]:
        ts = self.tokenizer.parse(text)
        ts = ts.split("\n")
        tokens = []
        for t in ts:
```

```python
                if t == "EOS":
                    break
                s = t.split("\t")
                r = s[1].split(",")
                w = ""
                if r[0] == "名詞":
                    w = s[0]
                elif r[0] in ("動詞", "形容詞"):
                    w = r[6]
                if w == "":
                    continue
                if w in stop_words:
                    continue
                tokens.append(w)
        return tokens

    def transform(
        self,
        X: List[str],
    ) -> np.ndarray:
        y = []
        for x in X:
            ts = self.tokenize_description(
                text=x,
                stop_words=self.stop_words,
            )
            ts = " ".join(ts)
            y.append(ts)
        return np.array(y)

# 利用 TF-IDF 向量化
class DescriptionVectorizer(BaseEstimator, TransformerMixin):
    def __init__(
        self,
        max_features: int = 500,
    ):
        self.max_features = max_features
        self.define_pipeline()

    def define_pipeline(self):
        self.pipeline = Pipeline(
            [
                (
                    "description_tfids_vectorizer",
                    TfidfVectorizer(max_features=self.max_features),
```

```
            ),
        ]
    )

def transform(
    self,
    X: List[List[str]],
):
    return self.pipeline.transform(X)

def fit(
    self,
    X: List[List[str]],
    y=None,
):
    return self.pipeline.fit(X=X, y=y)

def fit_transform(
    self,
    X: List[List[str]],
    y=None,
):
    return self.pipeline.fit_transform(X=X, y=y)
```

省略。

如此一來，就能將動物圖片內容的名稱與說明轉換成特徵值了。接著要思考動物類別與品種的前置處理。由於這兩種資料都屬於分類資料，所以要採用最經典的方式，也就是以 scikit-learn 的 One Hot Encoding 將這些分類資料轉換成數值。One Hot Encoding 可對每個分類資料指派數值。比方說，品種的「布偶貓」「挪威森林貓」與「迷你雪納瑞」就能轉換成 表4.5 與 表4.6 的內容。

表4.5 原始資料

資料 ID	品種
0	布偶貓
1	挪威森林貓
2	迷你雪納瑞
3	布偶貓

表4.6 經過 One Hot Encoding 處理後

資料 ID	布偶貓	挪威森林貓	迷你雪納瑞
0	1	0	0
1	0	1	0
2	0	0	1
3	1	0	0

253

對分類資料進行 One Hot Encoding 處理之後，可在每個分類資料指派 0 或 1。相關的程式碼請參考 程式碼 4.8 。

程式碼 4.8 分類（類別、品種）資料的前置處理

```
# https://github.com/shibuiwilliam/building-ml-system/blob/develop/➡
chapter3_4_aianimals/batch/feature_registry/src/service/➡
feature_processing.py

from sklearn.base import BaseEstimator, TransformerMixin
from sklearn.impute import SimpleImputer
from sklearn.preprocessing import OneHotEncoder

# 省略。

class CategoricalVectorizer(BaseEstimator, TransformerMixin):
    def __init__(
        self,
        sparse: bool = True,
        handle_unknown: str = "ignore",
    ):
        self.sparse = sparse
        self.handle_unknown = handle_unknown
        self.define_pipeline()

    def define_pipeline(self):
        logger.info("init pipeline")
        self.pipeline = Pipeline(
            [
                (
                    "simple_imputer",
                    SimpleImputer(
                        missing_values=np.nan,
                        strategy="constant",
                        fill_value=-1,
                    ),
                ),
                (
                    "one_hot_encoder",
                    OneHotEncoder(
                        sparse=self.sparse,
                        handle_unknown=self.handle_unknown,
                    ),
                ),
            ]
```

於動物圖片應用程式的搜尋功能使用機器學習

```python
        )

        logger.info(f"pipeline: {self.pipeline}")

    def transform(
        self,
        x: List[List[int]],
    ):
        return self.pipeline.transform(x)

    def fit(
        self,
        x: List[List[int]],
        y=None,
    ):
        return self.pipeline.fit(x)

    def fit_transform(
        self,
        x: List[List[int]],
        y=None,
    ):
        return self.pipeline.fit_transform(x)
```

```
# 省略。
```

到此，名稱、說明、類別、品種的前置處理都完成了。接下來要執行前置處理，產生與儲存特徵值。相關的步驟如下。

1. 取得動物圖片內容的資料。
2. 針對動物圖片內容的名稱與說明這些文字資料，分別學習前置處理模型與產生特徵值。儲存前置處理。
3. 針對動物圖片內容的類別與品種這些分類資料，分別學習前置處理模型與產生特徵值。儲存前置處理。
4. 將步驟 2、3 產生的特徵值存入特徵值儲存空間。

這次的特徵值儲存空間會使用 Redis 的快取記憶體服務。特徵值儲存空間的函式庫與架構有很多種，但這次為了簡化流程，所以使用了較為通用的快取記憶體。特徵值儲存空間目前還在發展階段，建立方式與應用方式都還沒出現最佳方案，所以這次才將特徵值存入相同性較高的 Rdeis 快取記憶體。

上述的工作流程的程式請參考 程式碼 4.9 。

程式碼 4.9 產生與儲存特徵值

```python
# https://github.com/shibuiwilliam/building-ml-system/blob/develop/➡
chapter3_4_aianimals/batch/feature_registry/src/usecase/➡
animal_feature_usecase.py

from src.service.feature_processing import (
    CategoricalVectorizer,
    DescriptionTokenizer,
    DescriptionVectorizer,
)

# 省略。

class AnimalFeatureUsecase(AbstractAnimalFeatureUsecase):
    def __init__(
        self,
        cache: AbstractCache,
        animal_category_vectorizer: CategoricalVectorizer,
        description_tokenizer: DescriptionTokenizer,
        description_vectorizer: DescriptionVectorizer,
    ):
        super().__init__(
            cache=cache,
            animal_category_vectorizer=animal_category_vectorizer,
            description_tokenizer=description_tokenizer,
            description_vectorizer=description_vectorizer,
        )
        # 部分省略。

    def fit_register_animal_feature(
        self,
        request: AnimalFeatureInitializeRequest,
    ):
        # 從 `animals` 表單取得動物圖片內容。
        animals = self.animal_repository.select(
            query=AnimalQuery(deactivated=False),
        )

        animal_ids = [a.id for a in animals]
```

於動物圖片應用程式的搜尋功能使用機器學習

```python
        # 動物類別的前置處理與產生特徵值。
        vectorized_animal_category = (
            self.animal_category_vectorizer.fit_transform(
                x=[[a.animal_category_id] for a in animals],
            )
            .toarray()
            .tolist()
        )
        # 動物品種的前置處理與產生特徵值的部分予以省略。

        # 說明的前置處理與產生特徵值。
        tokenized_description = self.description_tokenizer.transform(
            X=[a.description for a in animals],
        ).tolist()
        vectorized_description = (
            self.description_vectorizer.fit_transform(
                X=tokenized_description,
            )
            .toarray()
            .tolist()
        )
        # 名稱的前置處理與產生特徵值的部分予以省略。

        # 將特徵值存入快取記憶體。
        self.__register_animal_features(
            animal_ids=animal_ids,
            mlflow_experiment_id=request.mlflow_experiment_id,
            mlflow_run_id=request.mlflow_run_id,
            vectorized_animal_categories=vectorized_animal_category,
            tokenized_descriptions=tokenized_description,
            vectorized_descriptions=vectorized_description,
        )

    # 建立快取的 Key。
    def make_cache_key(
        self,
        animal_id: str,
        mlflow_experiment_id: int,
        mlflow_run_id: str,
    ) -> str:
        return f"{self.PREFIX}_{animal_id}_{mlflow_experiment_id}_➡
{mlflow_run_id}"

    # 將特徵值存入快取記憶體。
    def __register_animal_features(
```

```
    self,
    animal_ids: List[str],
    mlflow_experiment_id: int,
    mlflow_run_id: str,
    vectorized_animal_categories: List[List[int]],
    tokenized_descriptions: List[str],
    vectorized_descriptions: List[List[float]],
):
    for i, (
        animal_id,
        animal_category_vector,
        description_words,
        description_vector,
    ) in enumerate(
        zip(
            animal_ids,
            vectorized_animal_categories,
            tokenized_descriptions,
            vectorized_descriptions,
        )
    ):
        data = dict(
            animal_category_vector=animal_category_vector,
            description_words=description_words.split(" "),
            description_vector=description_vector,
        )
        key = self.make_cache_key(
            animal_id=animal_id,
            mlflow_experiment_id=mlflow_experiment_id,
            mlflow_run_id=mlflow_run_id,
        )
        self.cache.set(
            key=key,
            value=json.dumps(data),
            expire_second=60 * 60 * 24 * 7,
            # 將儲存在快取記憶體的期限設定為 7 天。
        )
```

如此一來，就能利用現有的動物圖片內容學習前置處理模型，再將特徵值存入特徵值儲存空間。儲存特徵值的快取鍵為 { 前綴 }_{ 動物圖片的 ID}_{MLflow 的 experiment_id}_{MLflown 的 run_id}。 在 快 取 鍵 指 定 **MLflow** 的 experiment_id 與 run_id 是為了避免在產生特徵值的時候，出現重複的快取鍵。如此一來，儲存在特徵值儲存空間之中的特徵值，不管是在何時產生的，都絕對是獨一無二的。這麼做的好處在於後續存取特徵值儲存空間時，不會因為動物圖片 ID 相同而取得錯誤的特徵值。

學習完畢的前置處理模型會於 MLflow Tracking Server 儲存，以及分享給其他的伺服器使用（ 程式碼 4.10 ）。

程式碼 4.10 儲存前置處理模型

```
# https://github.com/shibuiwilliam/building-ml-system/blob/develop/➡
chapter3_4_aianimals/batch/feature_registry/src/main.py

# 省略。

@hydra.main(
    config_path="../hydra",
    config_name=os.getenv("MODEL_CONFIG", "animal_feature"),
)
def main(cfg: DictConfig):
    # 省略。
    now = datetime.now().strftime("%Y%m%d_%H%M%S")
    run_name = f"{cfg.task_name}_{now}"

    mlflow.set_tracking_uri("http://mlflow:5000")
    mlflow.set_experiment("animal_feature_extraction")
    with mlflow.start_run(run_name=run_name) as run:
        # 學習前置處理模型。
        container.animal_feature_initialization_job.run(
            mlflow_experiment_id=run.info.experiment_id,
            mlflow_run_id=run.info.run_id,
        )
        # 將學習完畢的前置處理模型存入 MLflow。
        mlflow.log_artifacts(os.path.join(cwd, ".hydra/"), "hydra")

        # 為了方便後續使用，儲存模型的 experiment_id 與 run_id。
        mlflow_params = dict(
            mlflow_experiment_id=run.info.experiment_id,
            mlflow_run_id=run.info.run_id,
        )

        with open("/tmp/output.json", "w") as f:
            json.dump(mlflow_params, f)


if __name__ == "__main__":
    main()
```

將 MLflow Tracking Server 當成共用的模型管理系統之後，就能利用同一個 ID 儲存與取得模型。

為了方便執行程式後半段的處理，用於儲存模型的 experiment_id 與 run_id 的部分將參數儲存為 JSON 檔案，以便將需要的參數傳遞給於後續作業使用前置處理模型。這個參數的用途將於 **4.4.3 節**說明。

● 動物圖片內容的特徵值產生非同步處理

接著要建立的是，利用學習完畢的前置處理模型替新上傳的動物圖片內容新增特徵值的機制。這部分會與動物圖片的上傳作業分開，採用非同步的方式執行。雖然負責接受動物圖片的是後台 API，但產生特徵值以及將特徵值存入特徵值儲存空間的處理是由產生與新增特徵值的服務負責。後台 API 與產生、新增特徵值的服務是透過 RabbitMQ 互通訊息。換言之，後台 API 會扮演 Producer 的角色，新增動物圖片 ID 的訊息，而產生與新增特徵值的服務則扮演 Consumer 的角色，在取得動物圖片 ID 之後，產生特徵值以及將特徵值新增至特徵值儲存空間。

產生與新增特徵值的服務的核心邏輯請參考 程式碼 4.11 。

程式碼 4.11　產生與新增特徵值的服務

```
# https://github.com/shibuiwilliam/building-ml-system/blob/develop/➡
chapter3_4_aianimals/batch/feature_registry/src/usecase/➡
animal_feature_usecase.py

from src.service.feature_processing import (
    CategoricalVectorizer,
    DescriptionTokenizer,
    DescriptionVectorizer,
)

# 省略。

class AnimalFeatureUsecase(AbstractAnimalFeatureUsecase):
    def __init__(
        self,
        messaging: RabbitmqMessaging,
        animal_category_vectorizer: CategoricalVectorizer,
```

```
        description_tokenizer: DescriptionTokenizer,
        description_vectorizer: DescriptionVectorizer,
    ):
        super().__init__(
            messaging=messaging,
            animal_category_vectorizer=animal_category_vectorizer,
            description_tokenizer=description_tokenizer,
            description_vectorizer=description_vectorizer,
        )
        # 部分省略。


    def register_animal_feature(
        self,
        request: AnimalFeatureRegistrationRequest,
    ):
        # 透過 RabbitMQ 取得訊息時的 Callback 函數。
        def callback(ch, method, properties, body):
            data = json.loads(body)
            # 根據動物圖片 ID 取得內容資料。
            animals = self.animal_repository.select(
                query=AnimalQuery(
                    id=id,
                    deactivated=False,
                ),
            )
            animal_ids = [a.id for a in animals]

            # 產生動物類別的特徵值。
            vectorized_animal_category = (
                self.animal_category_vectorizer.transform(
                    x=[[a.animal_category_id] for a in animals],
                )
                .toarray()
                .tolist()
            )
            # 產生動物品種的特徵值的部分予以省略。

            # 產生說明的特徵值。
            tokenized_description = self.description_tokenizer.➡
transform(
                X=[a.description for a in animals],
            ).tolist()
            vectorized_description = self.description_vectorizer.➡
transform(X=tokenized_description).toarray().tolist()
            # 產生名稱的特徵值的部分予以省略。
```

```
        # 將特徵值存入特徵值儲存空間。
        self. __register_animal_features(
            animal_ids=animal_ids,
            mlflow_experiment_id=request.mlflow_experiment_id,
            mlflow_run_id=request.mlflow_run_id,
            vectorized_animal_categories=➡
vectorized_animal_category,
            tokenized_descriptions=tokenized_description,
            vectorized_descriptions=vectorized_description,
        )
        ch.basic_ack(delivery_tag=method.delivery_tag)

    self.messaging.channel.basic_consume(
        queue=Configurations.animal_feature_registry_queue,
        on_message_callback=callback,
    )

    self.messaging.channel.start_consuming()
```

● 思考時間點

產生與新增特徵值服矛的重點在於前置處理模型更新後，載入新的前置處理模型，產生新的特徵值。換句話說，我們必須思考該在何時學習產生特徵值的前置處理模型，以及該在何時更新與前置處理模型有關的資料與作業。前置處理模型與特徵值的相關性請參考 圖 4.8 。

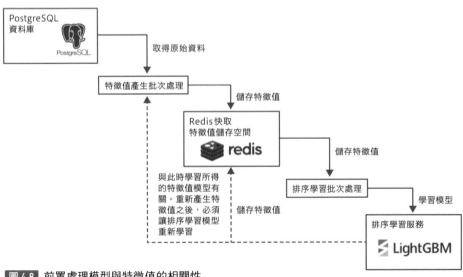

圖 4.8 前置處理模型與特徵值的相關性

換言之，重新建置產生特徵值的前置處理模型，意味著要重新學習產生與新增特徵值的服務，還得重新學習排序學習模型，以及將這個模型當成推論器發佈，而且還必須連續執行這一連串的處理。

下一節會說明學習排序學習模型的部分，之後還會說明建置推論器的方法，最後會說明一口氣更新排序學習系統所有元件的工作流程的方法。

🔷 4.4.2 學習排序學習模型

接著說明學習排序學習模型的步驟。用於排序 AIAnimals 搜尋結果的排序學習會使用動物圖片內容與搜尋條件作為學習資料。前一節提到，動物圖片內容會用來產生特徵值，所以這節將以搜尋條件的取得與前置處理為主題。

● 搜尋條件的前置處理

搜尋條件的資料可從 access_logs 表單取得。具體來說，會使用以存取歷程資料記錄的搜尋單字、類別與品種。存取歷程資料包含了使用者操作的動物圖片的 ID。從存取歷程資料取得搜尋條件資料之後，讓這份資料與動物圖片內容的特徵值合併，藉此建立排序學習所需的資料。此外，還會將存取歷程記錄之中的動作的重要度轉換成數值。具體來說，「瀏覽」這項動作的重要度為 1，長時間瀏覽的重要度為 3，「按讚」的重要度為 4。這些重要度的設定並不嚴謹，所以不一定合理。之所以指派重要度，是為了在相同的搜尋條件之下，替每筆動物圖片內容排出優先順序（ 程式碼 4.12 ）。

程式碼 4.12 取得資料

```
# https://github.com/shibuiwilliam/building-ml-system/blob/develop/➡
chapter3_4_aianimals/search/model_development/learn_to_rank/src/➡
jobs/retrieve.py

from src.dataset.data_manager import AbstractCache, ➡
AbstractDBClient, AccessLogRepository, FeatureCacheRepository
from src.dataset.schema import Action, Data, FeatureVector, RawData

# 省略。
```

```
def retrieve_access_logs(
    feature_mlflow_experiment_id: int,
    feature_mlflow_run_id: str,
    db_client: AbstractDBClient,
    cache: AbstractCache,
) -> RawData:
    # 從存取歷程記錄取得資料。
    access_log_repository = AccessLogRepository(db_client=db_client)
    records = access_log_repository.select_all()

    # 從特徵值儲存空間取得動物圖片內容的特徵值。
    ids = [
        make_cache_key(
            animal_id=r.animal_id,
            feature_mlflow_experiment_id=feature_mlflow_experiment_id,
            feature_mlflow_run_id=feature_mlflow_run_id,
        )
        for r in records
    ]
    ids = list(set(ids))

    feature_cache_repository = FeatureCacheRepository(cache=cache)
    features = feature_cache_repository.get_features_by_keys(keys=ids)
    data = []
    target = []

    # 讓存取歷程資料與動物圖片內容的特徵值合併。
    for r in records:
        cache_key = make_cache_key(
            animal_id=r.animal_id,
            feature_mlflow_experiment_id=feature_mlflow_experiment_id,
            feature_mlflow_run_id=feature_mlflow_run_id,
        )
        fv = features.get(cache_key)
        d = Data(
            animal_id=r.animal_id,
            query_phrases=".".join(sorted(r.query_phrases)),
            query_animal_category_id=r.query_animal_category_id,
            query_animal_subcategory_id=r.query_animal_subcategory_id,
            likes=r.likes,
            feature_vector=FeatureVector(
                animal_category_vector=fv["animal_category_vector"],
                animal_subcategory_vector=fv["animal_subcategory_➡
vector"],
                name_vector=fv["name_vector"],
```

```
                description_vector=fv["description_vector"],
        ),
    )

    data.append(d)

    # 將存取歷程記錄的行動資料轉換成目標變數的數值。
    if r.action == Action.SELECT.value:
        target.append(1)
    elif r.action == Action.SEE_LONG.value:
        target.append(3)
    elif r.action == Action.LIKE.value:
        target.append(4)

return RawData(
    data=data,
    target=target,
)
```

在此時取得資料之後，會對搜尋條件的關鍵字、動物類別與品種進行前置處理。動物類別與品種的部分與動物圖片內容的前置處理一樣，都會進行 One Hot Encoding 處理。此外，關鍵字的前置處理也是 One Hot Encoding。由於關鍵字是任意的文字，所以可利用形態素解析分割成單字，再利用 TF-IDF 向量化，但大多數的關鍵字都只是單字的組合，所以只需要利用 One Hot Encoding 向量化。由於搜尋方塊可輸入任意的文字，所以也有可能會出現輸入長篇文章作為搜尋關鍵字的使用者。不過，這種情況畢竟是少數，所以還是以處理單字的組合為前提。搜尋條件的關鍵字、動物類別與品種在經過前置處理轉換成數值之後，就能與動物圖片特徵值一起轉換成一串的數值陣列。

前置處理的具體內容請參考 程式碼 4.13 。

程式碼 4.13 搜尋條件的前置處理

```
# https://github.com/shibuiwilliam/building-ml-system/blob/develop/➡
chapter3_4_aianimals/search/model_development/learn_to_rank/src/➡
jobs/preprocess.py

from src.models.preprocess import CategoricalVectorizer, ➡
NumericalMinMaxScaler
```

```
# 省略。

class Preprocess(object):
    # 省略。

    def run(
        self,
        likes_scaler: NumericalMinMaxScaler,
        query_phrase_encoder: CategoricalVectorizer,
        query_animal_category_id_encoder: CategoricalVectorizer,
        query_animal_subcategory_id_encoder: CategoricalVectorizer,
        likes_scaler_save_file_path: str,
        query_phrase_encoder_save_file_path: str,
        query_animal_category_id_encoder_save_file_path: str,
        query_animal_subcategory_id_encoder_save_file_path: str,
        x_train: List[Data],
        y_train: List[int],
        x_test: List[Data],
        y_test: List[int],
        q_train: Optional[List[int]] = None,
        q_test: Optional[List[int]] = None,
    ):
        # 各種搜尋條件的前置處理；部分省略。
        query_phrases_train = (
            query_phrase_encoder.fit_transform(x=[[d.query_phrases] ➡
for d in x_train]).toarray().tolist()
        )

        # 讓學習資料合併為一連串的數值陣列。
        _x_train = [
            [
                *_likes_train,
                *_query_phrases_train,
                *_query_animal_category_ids_train,
                *_query_animal_subcategory_ids_train,
                *v.feature_vector.animal_category_vector,
                *v.feature_vector.animal_subcategory_vector,
                *v.feature_vector.name_vector,
                *v.feature_vector.description_vector,
            ]
            for (
                _likes_train,
                _query_phrases_train,
                _query_animal_category_ids_train,
                _query_animal_subcategory_ids_train,
                v,
```

於動物圖片應用程式的搜尋功能使用機器學習

```
            ) in zip(
                likes_train,
                query_phrases_train,
                query_animal_category_ids_train,
                query_animal_subcategory_ids_train,
                x_train,
            )
        ]

        # 省略測試資料的合併。

        # 儲存各種前置處理模型；部分省略。
        query_phrase_encoder_save_file_path = query_phrase_encoder.➡
save(file_path=query_phrase_encoder_save_file_path)

        # 省略。
```

如此一來，就製作了排序學習所需的特徵值資料。就結果而言，會產生下列這
類資料。雖然省略了部分資料，但還是可以看得出是一大堆數值。

```
1.0,0.0,0.0,0.0,0.0,0.0,0.0,0.0,0.0,0.0,0.0,0.0,0.0,0.0,1.0,0.0,0.0,0.0,0.0,0.0,0.0,➡
0.0,0.0,0.0,0.0,0.0,0.0,0.0,0.0,0.0,0.0,0.0,0.0,0.0,0.0,0.0,0.0,0.0,0.0,0.0,0.0,0.0,➡
0.0,0.0,0.0,0.0,0.0,0.0,0.0,
... 省略 ...
0.29552504246613226,0.0,0.0,0.0,0.0,0.0,0.0,0.0,0.0,0.0,0.0,0.0,0.0,0.170320➡
78508649723,0.0,0.0,0.0,0.0,0.0,0.0,0.0,0.0,0.0,0.0,0.0,0.0,0.0,0.0,0.0,➡
0.0,0.0,0.0,0.0,0.0,0.0,0.0
```

● 學習排序學習模型

由於學習資料已經準備就緒，接下來要學習排序學習模型。這次會使用
LightGBM 的 LGBMRanker（ URL https://lightgbm.readthedocs.io/en/
latest/pythonapi/lightgbm.LGBMRanker.html ）學習排序學習模型。
LGBMRanker 是利用 LightGBM 進行排序學習的 API，會使用 LambdaRank
（ URL https://www.microsoft.com/en-us/research/wp-content/
uploads/2016/02/MSR-TR-2010-82.pdf ）這套演算法建立排序學習
模型，由於使用方法與 LightGBM 其他的 API（LGBMRegressor 或
LGBMClassifier）相同，所以若熟悉 LightGBM 的使用方法，應該就能輕
易使用這套演算法。

利用 **LGMBRanker** 學習的程式請參考 程式碼 4.14 。

程式碼 4.14 利用 LGBMRanker 學習排序學習模型

```python
# https://github.com/shibuiwilliam/building-ml-system/blob/develop/➡
chapter3_4_aianimals/search/model_development/learn_to_rank/src/➡
models/lightgbm_ranker.py

from lightgbm import LGBMRanker

# 省略。

# 預設的超參數。
LIGHT_GBM_LEARN_TO_RANK_RANKER = {
    "task": "train",
    "objective": "lambdarank",
    "metric": "ndcg",
    "lambdarank_truncation_level": 10,
    "ndcg_eval_at": [10, 5, 20],
    "n_estimators": 10000,
    "boosting_type": "gbdt",
    "num_leaves": 50,
    "learning_rate": 0.1,
    "max_depth": -1,
    "num_iterations": 10000,
    "num_threads": 0,
    "seed": 1234,
}


class LightGBMLearnToRankRanker(BaseLearnToRankModel):
    def __init__(
        self,
        params: Dict = LIGHT_GBM_LEARN_TO_RANK_RANKER,
        early_stopping_rounds: int = 5,
        eval_metrics: Union[str, List[str]] = "ndcg",
        verbose_eval: int = 1,
    ):
        super().__init__()
        self.name: str = "learn_to_rank_ranker"
        self.params: Dict = params
        self.early_stopping_rounds = early_stopping_rounds
        self.eval_metrics = eval_metrics
        self.verbose_eval = verbose_eval
        self.model = None
        self.reset_model(params=self.params)
```

於動物圖片應用程式的搜尋功能使用機器學習

```python
# 初始化模型。
def reset_model(
    self,
    params: Optional[Dict] = None,
):
    if params is not None:
        self.params = params
    self.model = LGBMRanker(**self.params)

# 進行學習。
def train(
    self,
    x_train: Union[np.ndarray, pd.DataFrame],
    y_train: Union[np.ndarray, pd.DataFrame],
    x_test: Optional[Union[np.ndarray, pd.DataFrame]] = None,
    y_test: Optional[Union[np.ndarray, pd.DataFrame]] = None,
    q_train: Optional[List[int]] = None,
    q_test: Optional[List[int]] = None,
):
    eval_set = [(x_train, y_train)]
    eval_group = [q_train]
    if x_test is not None and y_test is not None and q_test is ➡
not None:
        eval_set.append((x_test, y_test))
        eval_group.append(q_test)
    self.model.fit(
        X=x_train,
        y=y_train,
        group=q_train,
        eval_set=eval_set,
        eval_group=eval_group,
        early_stopping_rounds=self.early_stopping_rounds,
        eval_metric=self.eval_metrics,
        verbose=self.verbose_eval,
    )

# 儲存模型。
def save(
    self,
    file_path: str,
) -> str:
    file, ext = os.path.splitext(file_path)
    if ext != ".pkl":
        file_path = f"{file}.pkl"
    with open(file_path, "wb") as f:
```

```
            cloudpickle.dump(self.model, f)
        return file_path

    # 省略。
```

LightGBMLearnToRankRanker 類別包含了初始化模型與設定超參數的
reset_model 函數、進行學習的 train 函數與儲存模型的 save 函數。利用
LGBMRanker 進行學習時，只需要指定學習資料驗證資料，再呼叫 fit 函數就
能進行學習。

學習時的歷程記錄如下。

```
[src.models.lightgbm_ranker][INFO] - start train for model:
    LGBMRanker(
    early_stopping_rounds=5, eval_metrics='ndcg',
    lambdarank_truncation_level=10, metric='ndcg', n_estimators=10000,
    num_iterations=10000, num_leaves=50, num_threads=0,
    objective='lambdarank', seed=1234, task='train', verbose_eval=1)

[1] valid_1's ndcg@1: 0.693178   valid_1's ndcg@2: 0.749845   ➡
valid_1's ndcg@3: 0.792758
[2] valid_1's ndcg@1: 0.705703   valid_1's ndcg@2: 0.753176   ➡
valid_1's ndcg@3: 0.798303
[3] valid_1's ndcg@1: 0.71631    valid_1's ndcg@2: 0.760207   ➡
valid_1's ndcg@3: 0.802679
[4] valid_1's ndcg@1: 0.708864   valid_1's ndcg@2: 0.758227   ➡
valid_1's ndcg@3: 0.801315
[5] valid_1's ndcg@1: 0.71457    valid_1's ndcg@2: 0.758509   ➡
valid_1's ndcg@3: 0.801382
[6] valid_1's ndcg@1: 0.710888   valid_1's ndcg@2: 0.757505   ➡
valid_1's ndcg@3: 0.799648
[7] valid_1's ndcg@1: 0.717742   valid_1's ndcg@2: 0.760206   ➡
valid_1's ndcg@3: 0.801973
[8] valid_1's ndcg@1: 0.71599    valid_1's ndcg@2: 0.761533   ➡
valid_1's ndcg@3: 0.801728
[src.models.lightgbm_ranker][INFO] - save model: /opt/outputs/➡
2022-05-12/09-51-49/learn_to_rank_ranker.pkl
```

此時學習所得的前置處理模型與 LGBMRanker 的模型檔案都會於 MLflow
Tracking Server 儲存（ 程式碼 4.15 ）。

於動物圖片應用程式的搜尋功能使用機器學習

程式碼 4.15 儲存排序學習模型

```
# https://github.com/shibuiwilliam/building-ml-system/blob/develop/➤
chapter3_4_aianimals/search/model_development/learn_to_rank/src/➤
main.py

import hydra
import mlflow
from omegaconf import DictConfig

# 省略。

@hydra.main(
    config_path="/opt/hydra",
    config_name="learn_to_rank_lightgbm_ranker",
)
def main(cfg: DictConfig):
    # 省略。
    with mlflow.start_run(run_name=run_name) as run:
        # 省略。

        # 將各種檔案存入 MLflow；部分省略。
        mlflow.log_artifact(preprocess_artifact.query_phrase_➤
encoder_save_file_path, "query_phrase_encoder")
        )
        mlflow.log_artifact(artifact.model_file_path, "model")

        # 為了後續的處理，儲存 MLflow 的 experiment_id 與 run_id。
        mlflow_params = dict(
            mlflow_experiment_id=run.info.experiment_id,
            mlflow_run_id=run.info.run_id,
        )
        with open("/tmp/output.json", "w") as f:
            json.dump(mlflow_params, f)


if __name__ == "__main__":
    main()
```

在程式的後半段，也就是在「# 為了後續的處理，儲存 MLflow 的 experiment_id 與 run_id。」的部分儲存的 MLflow 的 experiment_id 與 run_id 會於更新推論器的時候使用。

4.4.3　利用排序學習替搜尋結果重新排序

接著要建置排序學習的推論器。進行推論時，會從後台 API 接收要求，而這個要求包含搜尋條件與搜尋結果的動物圖片 ID 清單。替動物圖片 ID 重新排序之後再傳回結果。由於推論器需要同步進行處理，所以這次使用 FastAPI（ URL https://fastapi.tiangolo.com/ja/）將推論器建置為 REST API。

排序學習推論器的介面請參考 程式碼 4.16 。

程式碼 4.16　排序學習推論器

```
# https://github.com/shibuiwilliam/building-ml-system/blob/develop/➡
chapter3_4_aianimals/search/learn_to_rank/api/src/api/reorder.py

from fastapi import APIRouter, BackgroundTasks
from src.registry.registry import container

# 省略。

# 要求的資料格式。
class AnimalRequest(BaseModel):
    ids: List[str]
    query_phrases: List[str] = []
    query_animal_category_id: Optional[int] = None
    query_animal_subcategory_id: Optional[int] = None

    class Config:
        extra = Extra.forbid


# 回應的資料格式。
class AnimalResponse(BaseModel):
    ids: List[str]
    model_name: Optional[str] = Configurations.mlflow_run_id

    class Config:
        extra = Extra.forbid


router = APIRouter()


# 排序學習的推論 API。
@router.post("", response_model=AnimalResponse)
```

於動物圖片應用程式的搜尋功能使用機器學習

```
async def post_reorder(
    background_tasks: BackgroundTasks,
    request: AnimalRequest,
):
    data = container.reorder_usecase.reorder(
        request=request,
        background_tasks=background_tasks,
    )
    return data
```

要求主體（Request body）的 AnimalRequest 的 ids 是搜尋結果的動物圖片 ID 清單，query_phrases 則是用於搜尋的關鍵字，query_animal_category_id 為動物的類別，query_animal_subcategory_id 則是動物的品種。在作為回應的 AnimalResponse 類別會將經過排序的動物圖片 ID 清單放入 ids，再將用於推論的模型名稱放入 model_name，再傳回排序結果。記錄用於推論的模型的名稱，便能快速評估每個模型的實用性。

進行推論時，會使用根據動物圖片內容產生的特徵值以及學習所得的搜尋條件前置處理模型，還有學習完畢的 LGBMRanker 模型。動物圖片內容的特徵值會放在快取服務（Redis），學習所得的生成物會放在 MLflow Tracking Server。要取得這兩項資料，就必須取得在這兩項資料產生之際，指派給這兩項資料的 MLflow 的 experiment_id 與 run_id。這些值會在 程式碼 4.17 的處理傳遞給後續的各項工作。

程式碼 4.17 將 MLflow 的 experiment_id 與 run_id 傳遞給後續工作的處理

```
mlflow_params = dict(
    mlflow_experiment_id=run.info.experiment_id,
    mlflow_run_id=run.info.run_id,
)
with open("/tmp/output.json", "w") as f:
    json.dump(mlflow_params, f)
```

推論器會取得上述輸出的 output.json，再利用 output.json 之中的 MLflow 的 experiment_id 與 run_id，存取特徵值儲存空間以及下載模型檔案。

排序學習模型是以 REST API 的方式啟動，所以 Kubernetes Manifest 的內容會像是 程式碼 4.18 的模樣。

```
# https://github.com/shibuiwilliam/building-ml-system/blob/develop/➡
chapter3_4_aianimals/infrastructure/manifests/search/➡
learn_to_rank_lgbm_ranker.yaml

apiVersion: apps/v1
kind: Deployment
metadata:
  name: learn-to-rank-lgbm-ranker
  namespace: search
  labels:
    app: learn-to-rank-lgbm-ranker
spec:
  replicas: 1
  selector:
    matchLabels:
      app: learn-to-rank-lgbm-ranker
  template:
    metadata:
      labels:
        app: learn-to-rank-lgbm-ranker
    spec:
      containers:
        - name: learn-to-rank-lgbm-ranker
          image: shibui/building-ml-system:ai_animals_search_learn_➡
to_rank_lgbm_api_0.0.0
          imagePullPolicy: Always
          command:
            - "./run.sh"
          ports:
            - containerPort: 10000
          env:
            # 部分省略。
            - name: MODEL_VERSION
              value: learn_to_rank_lightgbm_ranker_0.0.0
            - name: MLFLOW_TRACKING_URI
              value: http://mlflow.mlflow.svc.cluster.local:5000
            - name: MLFLOW_PARAM_JSON
              value: "{}"
            - name: FEATURE_MLFLOW_PARAM_JSON
              value: "{}"
            - name: EMPTY_RUN
              value: "1"
      imagePullSecrets:
        - name: regcred
# 省略。
```

在 manifest 設定的環境變數為 FEATURE_MLFLOW_PARAM_JSON、MLFLOW_ PARAM_JSON、EMPTY_RUN。FEATURE_MLFLOW_PARAM_JSON、MLFLOW_ PARAM_JSON、EMPTY_RUN 分別是動物圖片內容的特徵值參數與排序學習模型的參數。利用 JSON 字串將 MLflow 的 experiment_id 與 run_id 指定給這兩個參數，就能載入對應的前置處理模型與排序學習模型，以及啟動推論器。EMPTY_RUN 可設定推論為有效或無效，比方說，EMPT_RUN 為 1 時，代表推論無效，不利用排序學習進行推論，以及原封不動地傳回動物圖片 ID 的清單。這些環境變數會於下一節的排序學習工作流程自動設定。

雖然這部分的說明有點長，不過到目前為止，我們已經說明了如何替排序學習產生動物圖片內容的特徵值，也說明了儲存這些特徵值的方法，同時還說明了搜尋條件的前置處理，以及學習模型與啟動推論器的方法。在排序學習這節的最後，要將前面所有的工作串起來，打造一個能從產生特徵值到啟動推論器一氣呵成的工作流程。

4.4.4　排序學習的工作流程

容我重申一次，排序學習的每個工作都如 圖 4.9 所示環環相扣。

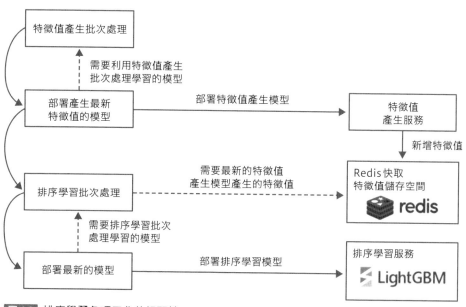

圖 4.9　排序學習各項工作的相關性

從上述的工作流程可以發現，產生動物圖片內容的特徵值是各項工作環環相扣的源頭。產生動物圖片內容的特徵值之後，連帶產生的前置處理模型檔案會載入產生與新增特徵值的服務。此外，於特徵值儲存空間儲存的特徵值會於學習模型以及推論處理使用。透過學習產生的搜尋條件前置處理模型與排序學習模型則都會載入推論器。

在上述過程產生的各種特徵值都會加上獨一無二的索引鍵，再於快取服務儲存。於這一連串工作流程產生的生成物也會加上獨一無二的索引鍵，再於 MLflow Tracking Server 儲存。特徵值的索引鍵、生成物的 ID 都會使用於當下指定的 MLflow 的 experiment_id 與 run_id。換句話說，只要在每項工作分享 MLflow 的 experiment_id 與 run_id，就能將那些在前置作業產生的生成物傳遞給後續的作業。

這次是利用 AIAnimals 的工作流程引擎 Argo Workflows 串起排序學習的各項工作。

Argo Workflows 可將前置作業產生的檔案傳遞給後續的作業。各項工作產生的 output.json 都會儲存 MLflow 的 experiment_id 與 run_id，而這個 output.json 則會透過 Argo Workflows 傳遞給後續的作業。具體來說，就是 程式碼 4.19 的工作流程 manifest。

程式碼 4.19 實現排序學習工作流程的 Argo Workflows 的 manifest

```
# https://github.com/shibuiwilliam/building-ml-system/blob/develop/➡
chapter3_4_aianimals/infrastructure/manifests/argo/workflow/➡
learn_to_rank_train.yaml

apiVersion: argoproj.io/v1alpha1
kind: CronWorkflow
metadata:
  generateName: animal-feature-registry-train-
spec:
  schedule: "0 0 * * 2"
  concurrencyPolicy: "Forbid"
  startingDeadlineSeconds: 0
  workflowSpec:
    entrypoint: pipeline
```

```
templates:
  - name: pipeline
    steps:
      # 產生動物圖片內容的特徵值。
      - - name: animal-feature-registry-initialization
          template: animal-feature-registry-initialization

      # 利用 animal-feature-registry-initialization 的 experiment_id ➡
```
與 run_id 更新在產生與新增動物圖片特徵值服務使用的前置處理模型。
```
      - - name: animal-feature-registry-update
          template: animal-feature-registry-update
          arguments:
            parameters:
              - name: deployment
                value: animal-feature-registry-registration
              - name: containers
                value: animal-feature-registry-registration
              # # 指定以 animal-feature-registry-initialization ➡
```
輸出的檔案。
```
              - name: feature-mlflow-params
                value: "{{steps.animal-feature-registry-➡
```
initialization.outputs.parameters.feature-mlflow-params}}"
```
      # 利用 LGBMRanker 進行學習
      - - name: search-learn-to-rank-lgbm-ranker-train
          template: search-learn-to-rank-lgbm-train
          arguments:
            parameters:
              - name: model-config
                value: learn_to_rank_lightgbm_ranker
              # 指定以 animal-feature-registry-initialization ➡
```
輸出的檔案。
```
              - name: feature-mlflow-params
                value: "{{steps.animal-feature-registry-➡
```
initialization.outputs.parameters.feature-mlflow-params}}"
```
      # 更新排序學習推論器。
      - - name: learn-to-rank-lgbm-ranker-update
          template: learn-to-rank-lgbm-update
          arguments:
            parameters:
              - name: deployment
                value: learn-to-rank-lgbm-ranker
              - name: containers
                value: learn-to-rank-lgbm-ranker
```

```yaml
                    # 指定以 animal-feature-registry-initialization➡
輸出的檔案。
                    - name: feature-mlflow-params
                      value: "{{steps.animal-feature-registry-➡
initialization.outputs.parameters.feature-mlflow-params}}"
                    # 指定以 search-learn-to-rank-lgbm-ranker-train➡
輸出的檔案。
                    - name: mlflow-params
                      value: "{{steps.search-learn-to-rank-lgbm-➡
ranker-train.outputs.parameters.mlflow-params}}"

    # 產生動物圖片內容的特徵值。
    - name: animal-feature-registry-initialization
      container:
        image:
          shibui/building-ml-system:ai_animals_feature_registry_➡
0.0.0
      # 部分省略。
      # 以 output.json 的方式將那些在產生動物圖片內容的特徵值時設定的 MLflow➡
的 experiment_id 與 run_id 傳遞給後續的工作。
      outputs:
        parameters:
          - name: feature-mlflow-params
            valueFrom:
              path: /tmp/output.json

    # 利用 animal-feature-registry-initialization 的 experiment_id 與➡
run_id 更新在產生與新增動物圖片特徵值的服務使用的前置處理。
    - name: animal-feature-registry-update
      serviceAccountName: user-admin
      inputs:
        parameters:
          - name: deployment
          - name: containers
          - name: feature-mlflow-params
      container:
        image: shibui/building-ml-system:ai_animals_k8s_client_0.0.0
        # 利用 kubectl 更新產生與新增特徵值的服務的 deployment。
        command: [kubectl]
        args:
          - -n
          - aianimals
          - set
          - env
          - deployment
```

```yaml
                - "{{inputs.parameters.deployment}}"
                - "--containers={{inputs.parameters.containers}}"
                - "REGISTRY_MLFLOW_PARAM_JSON={{inputs.parameters. ➡
feature-mlflow-params}}"
                - "EMPTY_RUN=0"

      # 利用 LGBMRanker 學習。
    - name: search-learn-to-rank-lgbm-train
      inputs:
        parameters:
          - name: model-config
          - name: feature-mlflow-params
      container:
        image: shibui/building-ml-system:ai_animals_search_learn_ ➡
to_rank_train_0.0.0
        # 部分省略。
        env:
          # 指定以 animal-feature-registry-initialization 輸出的 ➡
experiment_id 與 run_id。
          - name: FEATURE_MLFLOW_PARAM_JSON
            value: "{{inputs.parameters.feature-mlflow-params}}"
      outputs:
        parameters:
          - name: mlflow-params
            valueFrom:
              path: /tmp/output.json

      # 更新排序學習推論器。
    - name: learn-to-rank-lgbm-update
      serviceAccountName: user-admin
      inputs:
        parameters:
          - name: deployment
          - name: containers
          - name: feature-mlflow-params
          - name: mlflow-params
      container:
        image: shibui/building-ml-system:ai_animals_k8s_client_0.0.0
        # 以 kubectl 更新排序學習推論器的 deployment。
        command: [kubectl]
        args:
          - -n
          - search
          - set
          - env
```

```
                - deployment
                - "{{inputs.parameters.deployment}}"
                - "--containers={{inputs.parameters.containers}}"
                # 以 animal-feature-registry-initialization 指定輸出的 ➡
experiment_id 與 run_id。
                - "FEATURE_MLFLOW_PARAM_JSON={{inputs.parameters. ➡
feature-mlflow-params}}"
                # 指定以 search-learn-to-rank-lgbm-train 輸出的 ➡
experiment_id 與 run_id。
                - "MLFLOW_PARAM_JSON={{inputs.parameters.mlflow-params}}"
                - "EMPTY_RUN=0"
```

排序學習的工作流程已設定為可定期執行的 CronWorkflow。換句話說，這個工作流程會根據在 spec 指定的 schedule：" 0　0　＊　＊　2"，在每週星期一的 0 時 0 分自動執行。AIAnimals 隨時都會有新的使用者出現，也會上傳與搜尋新的動物圖片，所以利用這些新資料定期更新特徵值與排序學習模型，可維持排序學習的有效性。除了排序學習之外，學習與發佈的自動化流程也能於資料會隨著時間不斷變化的機制應用。只要能穩定地學習模型，就能建立學習與發佈的工作流程，也能定期更新模型。

在 Argo Workflows 部署排序學習的工作流程，可得到下列的歷程記錄。

〔命令〕

```
$ argo cron create infrastructure/manifests/argo/workflow/learn_to_➡
rank_train.yaml

Name:                          animal-feature-registry-train-kpwgd
Namespace:                     argo
Created:                       Thu May 12 20:11:46 +0900 (now)
Schedule:                      0 0 * * 2
Suspended:                     false
StartingDeadlineSeconds:       0
ConcurrencyPolicy:             Forbid
NextScheduledTime:             Tue May 17 09:00:00 +0900 ➡
(4 days from now) (assumes workflow-controller is in UTC)
```

上述的命令將 CronWorkflow 新增至 Argo Workflows。Argo Workflows 的網頁主控台可參考 圖 4.10 。最上面的「animal-feature-registry-train...（結尾為 Argo Workflows 隨機產生的字串）」就是於本次追加的 CronWorkflow。點選「animal-feature-registry-train...」就會進入進階畫面（ 圖 4.11 ）。這次新增的「CronWorkflow」會於每週星期一的 0 時 0 分自動執行。如果為了驗證學習結果而想執行特定的 CronWorkflow，可點選「SUBMIT」按鈕。

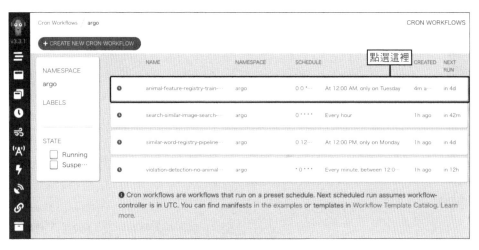

圖 4.10 Argo Workflows 的網頁主控台畫面

圖 4.11 進階畫面

執行情況可參考 圖 4.12 。

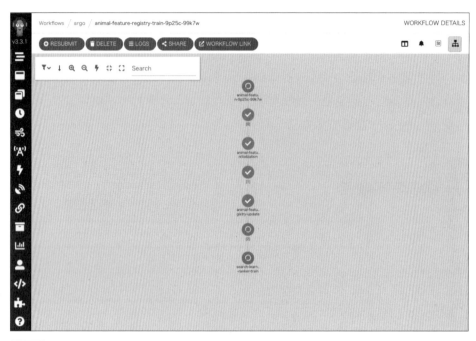

Workflows / argo / animal-feature-registry-train-9p25c-99k7w   WORKFLOW DETAILS

圖 4.12 執行狀況

排序學習的工作流程大概會在 30 分鐘左右跑完一遍。學習完畢後，學習完畢的
新模型會自動發佈為在 Kubernetes 執行的排序學習推論器，然後自行啟動。

學習結果會於 MLflow Tracking Server 記錄。學習的細節可於網頁主控台確
認（ 圖 4.13 ）。

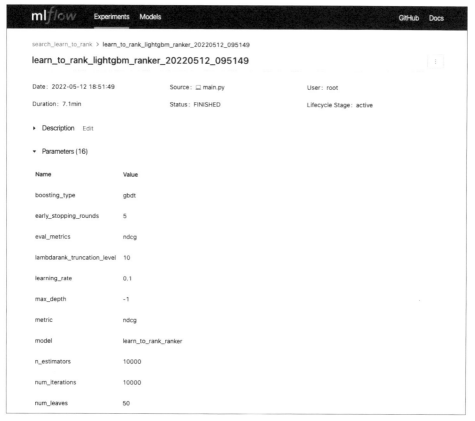

圖 4.13 學習的細節

4.5 建置 A ／ B 測試

要判斷機器學習是否改善了搜尋功能，必須與其他的搜尋方式比較，了解使用者是否對排序學習滿意。這次將使用 A ／ B 測試比較排序學習與其他各種搜尋方式。

搜尋功能的優劣必須根據使用者的反應進行評價。於前一節建置的排序學習也必須與其他的搜尋方式進行比較，看看使用者是否真能更早找到需要的動物圖片內容，才能斷定排序學習的確改善了搜尋功能。排序學習其實也有針對測試資料進行評估的 MSE（Mean Squared Error）或 MAP（Mean Average Precision）、NDCG（Normalized Discounted Cumulative Gain）這類指標，但是實際上線之後的評估也非常重要。要想評估搜尋功能的優劣，可分析使用者的存取歷程記錄，比較從搜尋到瀏覽耗費了多少時間，以及分析「按讚」或是其他的行為，若要進一步在排序學習採用新的演算法，也能先與現行的演算法進行比較。這類比較有時會透過 A ／ B 測試進行。A ／ B 測試會將現行的演算法與新的演算法發佈為正式系統，接著將使用者分成兩群，一群存取現行演算法的系統，另一群存取新演算法的系統，藉此評估使用者的行為，比較演算法的優劣。

接著要讓前一節的排序學習與其他的演算法進行比較。在排序學習使用的目標變數已經對各種行為設定了數值，「瀏覽」的重要度為 1，長時間瀏覽為 3，「按讚」為 4，所以要建立根據搜尋條件以及動物圖片內容推論這類數值的迴歸模型，再與利用 LGBMRanker 建立的排序學習模型。

迴歸模型會使用 LightGBM 的 LGBMRegressor（ URL https://lightgbm.readthedocs.io/en/latest/pythonapi/lightgbm.LGBMRegressor.html）建置。資料與特徵值的製作方式與利用 LGBMRanker 建置模型的時候相同。由於也是以 LightGBM 建立迴歸模型，所以大部分的程式碼都可直接沿用 LGBMRanker 的程式碼。因此，就不再重覆介紹以 LGBMRegressor 開發排序學習模型的程式碼。有興趣的讀者可視情況參考放在 https://github.com/shibuiwilliam/building-ml-system/blob/develop/

chapter3_4_aianimals/search/model_development/learn_to_
rank/src/models/lightgbm_regression.py 的程式碼。

LGBMRanker 是於 Kubernetes 獨立運作的推論器伺服器，所以也會為了
LGBMRegressor 的模型另外建立推論器伺服器再部署模型。接著指定分配流
量的規則，藉此執行 A ／ B 測試。這次會在後台 API 與各排序學習推論器的
伺服器之間配置代理器，而代理器會在接收到後台 API 的排序要求之後，將
要求導向至各推論器伺服器。整體的架構請參考 圖 4.14 。

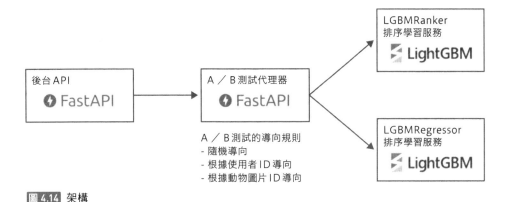

圖 4.14 架構

接著讓我們一起了解 A ／ B 測試導向路徑的程式。除了隨機導向要求之外，
如果還能將特定的使用者導向至 LGBMRanker，這個 A ／ B 測試會變得更
好用。

首先讓我們了解隨機導向的程式（ 程式碼 4.20 ）。

程式碼 4.20 A ／ B 測試的導向

```
# https://github.com/shibuiwilliam/building-ml-system/blob/develop/➡
chapter3_4_aianimals/ab_test_proxy/src/service/random_ab_test_➡
service.py

import httpx
from pydantic import BaseModel
from src.schema.base_schema import Request, Response
from src.service.ab_test_service import Endpoint

# 省略。
```

```python
class DistributionRate(BaseModel):
    endpoint: Endpoint
    rate: float


class RandomDistribution(BaseModel):
    endpoint_a: DistributionRate
    endpoint_b: DistributionRate


class RandomABTestService(AbstractRandomABTestService):
    def __init__(
        self,
        random_distribution: RandomDistribution,
        timeout: float = 10.0,
        retries: int = 2,
    ):
        super().__init__(
            timeout=timeout,
            retries=retries,
        )

    async def route(
        self,
        request: Request[BaseRandomABTestRequest],
    ) -> Response[BaseRandomABTestResponse]:
        # 隨機分割為群組 A 與群組 B。
        if random.random() < self.random_distribution.endpoint_a.rate:
            return await self.route_a(request=request)
        else:
            return await self.route_b(request=request)

    # 導向群組 A。
    async def route_a(
        self,
        request: Request[BaseRandomABTestRequest],
    ) -> Response[BaseRandomABTestResponse]:
        response = await self.__route(
            request=request,
            endpoint=self.random_distribution.endpoint_a.endpoint,
        )
        return Response[BaseRandomABTestResponse](response=response)

    # 導向群組 B。
    async def route_b(
```

```
        self,
        request: Request[BaseRandomABTestRequest],
    ) -> Response[BaseRandomABTestResponse]:
        response = await self.__route(
            request=request,
            endpoint=self.random_distribution.endpoint_b.endpoint,
        )
        return Response[BaseRandomABTestResponse](response=response)

    # 向排序學習發出要求。
    async def __route(
        self,
        request: BaseRandomABTestRequest,
        endpoint: Endpoint,
    ) -> BaseRandomABTestResponse:
        async with httpx.AsyncClient(
            timeout=self.timeout,
            transport=self.transport,
        ) as client:
            res = await client.post(
                url=endpoint.endpoint,
                headers=self.post_header,
                data=json.dumps(
                    request.request,
                    default=json_serial,
                ),
            )
        data = res.json()
        response = BaseRandomABTestResponse(
            endpoint=endpoint.endpoint,
            response=data,
        )
        return response
```

隨機導向處理的 DistributionRate 資料類別設定了導向目的地的端點
（這次設定了 LGBMRanker 與 LGBMRegressor 的端點）以及比例（導向
LGBMRanker 與 LGBMRegressor 的比例）。之後會 RandomABTestService
類別的 route_a 函數與 route_b 函數會根據設定值，將要求指派給
LGBMRanker 推論器與 LGBMRegressor 推論器。隨機導向處理會依照設定的
比例將要求導向各推論器，所以可全面記錄使用者在看各推論器重新排序的搜
尋結果之後做了哪些行動。

如果不希望採用隨機導向的方式，而是指派特定的使用者，就必須將特定的使用者誘導至特定的推論器。具體的程式碼可參考 程式碼 4.21 。

程式碼 4.21　指派特定使用者

```python
# https://github.com/shibuiwilliam/building-ml-system/blob/develop/➡
chapter3_4_aianimals/ab_test_proxy/src/service/user_ab_test_service.py

import httpx
from pydantic import BaseModel
from src.schema.base_schema import Request, Response
from src.service.ab_test_service import Endpoint

# 省略。

class UserIDs(BaseModel):
    user_ids: Dict[str, Endpoint]
    default_endpoint: Endpoint


class UserTestService(AbstractUserTestService):
    def __init__(
        self,
        user_ids: UserIDs,
        timeout: float = 10,
        retries: int = 2,
    ):
        super().__init__(
            timeout=timeout,
            retries=retries,
        )
        self.user_ids = user_ids

    async def route(
        self,
        request: Request[BaseUserRequest],
    ) -> Response[BaseUserResponse]:
        # 替每位使用者設定端點。
        endpoint = self.user_ids.user_ids.get(
            request.request.user_id,
            self.user_ids.default_endpoint,
        )
        response = await self.__route(
            request=request,
```

```
                    endpoint=endpoint,
            )
        return Response[BaseUserResponse](response=response)

    # 向排序學習發出要求。
    async def __route(
        self,
        request: BaseUserRequest,
        endpoint: Endpoint,
    ) -> BaseUserResponse:
        async with httpx.AsyncClient(
            timeout=self.timeout,
            transport=self.transport,
        ) as client:
            res = await client.post(
                url=endpoint.endpoint,
                headers=self.post_header,
                data=json.dumps(
                    request.request,
                    default=json_serial,
                ),
            )
            data = res.json()
            response = BaseUserResponse(
                endpoint=endpoint.endpoint,
                response=data,
            )
            return response
```

UserIDs 類別的 user_ids 定義了各使用者導向目的地的端點。如果是未於 user_ids 新增的使用者，就將使用者導向於同一類別的 default_endpoint 設定的預設端點。指派使用者的方式可於想在特定目的之下學習排序學習模型，確認該排序學習模型是否有用的時候應用，比方說，有某個使用者族群特別喜歡貓，就能以這種方式確認在這種情況下學習的排序學習模型是否能提供愛貓的使用者最佳的排序結果。AIAnimals 的使用者不一定都擁有一樣的興趣與行為模式，每位使用者的喜好可說是截然不同。為了提供每位使用者最佳的搜尋體驗，可試著以指派特定使用者的 A ／ B 測試評估排序學習模型的實用性。

接著要建立兩種排序學習的模型。為了在進行 A ／ B 測試時，以相同的標準進行比較，LGBMRegressor 模型也與 LGBMRanker 模型自動學習與發佈。在同時維護多個模型時，各個模型的學習時間點必須依照比較的基準以及模型的特性設定。由於這次的兩個模型是使用相同的資料學習與推論，所以可設定為在相同的時間點學習與發佈。兩個模型與定期更新的特徵值儲存空間息息相關，所以一定會在特徵值儲存空間更新之後進行學習。

如果要比較的演算法與特徵值儲存空間或新資料的關聯性不高，還有必要定期學習嗎？比方說，要比較的是以「建立規則」方式重新排序搜尋結果的演算法時，就不需要讓該模型定期學習對吧？此外，如果是先建立不同的特徵值儲存空間，再使用要比較的模型，就會依照該特徵值儲存空間的生命週期讓該模型進行比較，因為，就算都是為了重新排序搜尋結果而自動學習與發佈模型，只要演算法與特徵值儲存空間的關聯性不同，特徵值儲存空間的生命週期還是會不同。

讓我們將話題拉回來吧。這次要讓 LGBMRegressor 模型以 LGBMRanker 模型的生命週期進行學習。由於這兩種模型都與同一個特徵值儲存空間互動，所以只需要在同一個 manifest 追加工作流程即可。工作流程的 steps 可參考 程式碼 4.22 。

程式碼 4.22 追加 LGBMRegressor 的排序學習工作流程

```
# https://github.com/shibuiwilliam/building-ml-system/blob/develop/➡
chapter3_4_aianimals/infrastructure/manifests/argo/workflow/➡
learn_to_rank_train.yaml

apiVersion: argoproj.io/v1alpha1
kind: CronWorkflow
metadata:
  generateName: animal-feature-registry-train-
spec:
  schedule: "0 0 * * 2"
  concurrencyPolicy: "Forbid"
  startingDeadlineSeconds: 0
  workflowSpec:
    entrypoint: pipeline
```

```
    templates:
      - name: pipeline
        steps:
          # 省略。
          # LGBMRegressor 模型的學習。
          - - name: search-learn-to-rank-lgbm-regression-train
              template: search-learn-to-rank-lgbm-train
              arguments:
                parameters:
                  - name: model-config
                    value: learn_to_rank_lightgbm_regression
                  - name: feature-mlflow-params
                    value: "{{steps.animal-feature-registry-➡
initialization.outputs.parameters.feature-mlflow-params}}"

            # LGBMRanker 模型的學習。
            - name: search-learn-to-rank-lgbm-ranker-train
              template: search-learn-to-rank-lgbm-train
              arguments:
                parameters:
                  - name: model-config
                    value: learn_to_rank_lightgbm_ranker
                  - name: feature-mlflow-params
                    value: "{{steps.animal-feature-registry-➡
initialization.outputs.parameters.feature-mlflow-params}}"

            # LGBMRegressor 模型的發佈。
          - - name: learn-to-rank-lgbm-regression-update
              template: learn-to-rank-lgbm-update
              arguments:
                parameters:
                  - name: deployment
                    value: learn-to-rank-lgbm-regression
                  - name: containers
                    value: learn-to-rank-lgbm-regression
                  - name: feature-mlflow-params
                    value: "{{steps.animal-feature-registry-➡
initialization.outputs.parameters.feature-mlflow-params}}"
                  - name: mlflow-params
                    value: "{{steps.search-learn-to-rank-lgbm-➡
regression-train.outputs.parameters.mlflow-params}}"

            # LGBMRanker 模型發佈。
            - name: learn-to-rank-lgbm-ranker-update
              template: learn-to-rank-lgbm-update
```

```
            arguments:
              parameters:
                - name: deployment
                  value: learn-to-rank-lgbm-ranker
                - name: containers
                  value: learn-to-rank-lgbm-ranker
                - name: feature-mlflow-params
                  value: "{{steps.animal-feature-registry-➡
initialization.outputs.parameters.feature-mlflow-params}}"
                - name: mlflow-params
                  value: "{{steps.search-learn-to-rank-lgbm-➡
ranker-train.outputs.parameters.mlflow-params}}"
# 省略。
```

這次在這個 manifest 的每個步驟進行了 LGBMRegressor 模型與 LGBMRanker 模型的學習與發佈。在 Argo Workflows 的畫面可參考 圖 4.15 。從圖中可以發現兩個模型的學習與發佈分頭進行的情況。

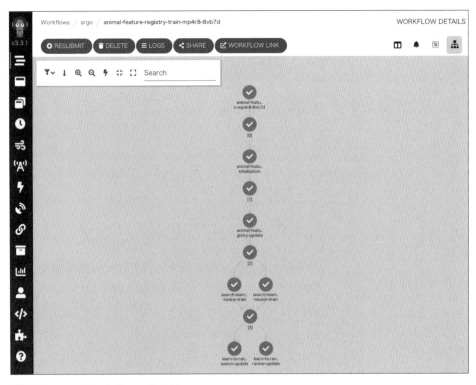

圖 4.15 Argo Workflows 的畫面

當 LGBMRegressor 模型與 LGBMRanker 模型透過這個工作流程完成學習後，就會自動發佈與運作。

此外，LGBMRegressor 模型與 LGBMRanker 模型都是以 MLflow Tracking Server 的 experiment_id 管理。這次採取的方針是在管理學習的 Run Name 放入模型名稱，也就能以相同的標準比較目的相同，但演算法不同的兩個模型（ 圖 4.16 ）。

如此一來，就能執行 A ／ B 測試了。照理說，要讓 AIAnimals 的使用者存取這兩個排序學習模型，藉此比較模型的優劣，不過，模型一發佈就無法重現使用者存取模型的過程，所以 A ／ B 測試的說明也就到此為止。

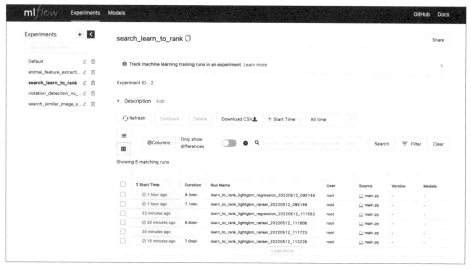

圖 4.16 排序學習的 MLflow Tracking Server

4.6 利用圖片搜尋

排序學習利用動物圖片的說明、動物類別這類文字與分類的資料改善了搜尋功能。不過，AIAnimals 的本質畢竟是動物圖片公佈欄，所以圖片還是扮演了相當重要的角色。如果能利用圖片搜尋，將可為使用者提供更優質的搜尋體驗。

本章的最後要說明以圖搜圖的功能。以圖搜圖功能是利用特定圖片搜尋相似圖片，再顯示搜尋結果的功能。使用這項搜尋功能以，輸入的不是關鍵字或分類資料，而是使用圖片搜尋。搜尋相似圖片可讓使用者找到喜歡的圖片以及類似的圖片。以喜歡白胖貓的使用者為例，只要使用白胖貓的圖片搜尋，就能找到其他白胖貓的內容。根據關鍵字或是分類資料進行搜尋的功能很難提供這種搜尋體驗（因為所有的白胖貓不一定都具有「白色」「胖」這類說明）。相似圖片搜尋功能不只在 AIAnimals 這種圖片服務應用，也已經在電子商務網站或是社群媒體應用。

相似圖片搜尋功能會透過深度學習的方式將圖片轉換成向量，從中萃取特徵值，再判斷圖片之間的特徵值是否相似。萃取特徵值的部分會使用影像辨識深度學習分類層之前的層進行，至於判斷特徵值是否相似的部分會使用最鄰近搜尋（Nearest Neighbor Search）或是近似最鄰近搜尋（Approximate Nearest Neighbor Search、ANN）進行。較為有名的最鄰近搜尋函式庫包含 Google 公司的 ScaNN、Meta 公司（舊稱為 Facebook 公司）的 Faiss 與 Yahoo Japan 公司的 NGT。

- **ScaNN**
  URL https://github.com/google-research/google-research/tree/master/scann

- **Faiss**
  URL https://github.com/facebookresearch/faiss

- **NGT**
  URL https://github.com/yahoojapan/NGT

本書的目的不在於介紹這些演算法的差異，也不是說明如何利用這些深度學習模型萃取特徵值與進行比較，所以請恕本書省略相關的細節。若想利用函式庫快速建置相似圖片搜尋功能，可於萃取特徵值的部分使用 TensorFlow 的 MobileNet v3 模型，至於近似最鄰近搜尋法可使用 ScaNN 建置。

要建置相似圖片搜尋功能必須先從目標圖片萃取特徵值，建立計算圖片距離的索引。萃取特徵值的部分會使用 MobileNet v3，計算距離與建立索引的部分會使用 ScaNN，這裡的索引儲存了圖片的特徵值。向索引要求圖片的特徵值，就會傳回特徵值與該特徵值相似的圖片。為了打造上述這個流程，必須先針對現有的動物圖片萃取特徵值與建立索引，之後再將索引植入搜尋系統。之後還要建置在使用者上傳圖片之後產生該圖片的特徵值與進行搜尋的後台系統。

相似圖片搜尋功能該放在智慧型手機應用程式 AIAnimals 的哪個畫面呢？目前的搜尋畫面已可利用關鍵字或分類資料搜尋，所以若將相似圖片搜尋功能放在這個畫面，整個使用者介面有可能會變得太過雜亂（ 圖 4.17 ）。

那麼放在瀏覽特定動物圖片的畫面（ 圖 4.18 ）又如何？這個顯示動物圖片的畫面的下方若能顯示類似的動物圖片，應該是很合理的安排，因為使用者在點開動物圖片之後，也能繼續點選相似的動物圖片。

在點開動物圖片之後，只能看到該圖片以及與該圖片相似的圖片，所以這個介面無法讓使用者隨意上傳圖片（比方說，上傳智慧型手機之中的圖片），再利用該圖片搜尋相似的圖片。不過，在未確定相似圖片搜尋功能是否有用的情況下，就為相似圖片搜尋功能開發專用的畫面有一定的風險，也需要耗費更多成本，所以要先於現有的使用者介面植入相似圖片搜尋功能，確認這項功能的實用性。

圖 4.17 AIAnimals 的搜尋畫面

圖 4.18 於瀏覽特定圖片的畫面下方追加相似圖片搜尋功能

具體的步驟與架構如下（ **圖 4.19** ）。

1. 利用 MobileNet v3 萃取特徵值，再將該特徵值新增至 ScaNN 的索引。

2. 讓 MobileNet v3 與 ScaNN 以推論器的方式執行。

3. 自動更新相似圖片搜尋功能。

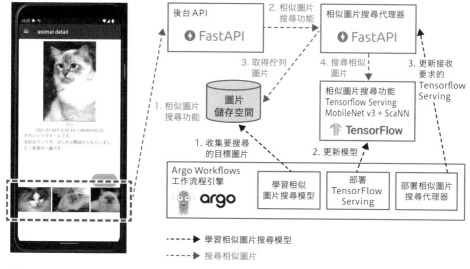

圖 4.19 架構

接下來說明各部分的建置方式。

🔷 4.6.1 利用 MobileNet v3 萃取特徵值與利用 ScaNN 建立索引

接下來要建置相似圖片搜尋功能所需的特徵值萃取處理與建立索引處理。萃取特徵值的部分會使用 MobileNet v3，建立索引處理會使用 ScaNN。萃取特徵值與建立索引處理不會進行機器學習，而是利用學習完畢的模型製作資料。MobileNet v3 就是學習完畢的模型。利用 MobileNet v3 萃取的特徵值會傳遞給 ScaNN，用於建立索引的圖片為 AIAnimals 現有的動物圖片。

MobileNet v3 會使用 TensorFlow Hub 提供的 MobileNet v3 特徵值萃取模型（ URL https://tfhub.dev/google/imagenet/mobilenet_v3_small_100_224/feature_vector/5）。

ScaNN 則使用 TensorFlow Recommenders 這個推薦系統專用 TensorFlow 函式庫的 API（ URL https://www.tensorflow.org/recommenders/api_docs/python/tfrs/layers/factorized_top_k/ScaNN）。ANN（近似最鄰

近搜尋法）這類搜尋相似物的演算法通常會於推薦系統應用，透過向使用者推薦相似的商品，刺激使用者購買商品。其目的與機制與這次搜尋相似動物圖片的功能非常類似。

利用 MobileNet v3 萃取特徵值的部分以及利用 ScaNN 建立索引的部分都會使用 TensorFlow，所以可將這兩個部分串在一起同時建置。具體的程式碼請參考 程式碼 4.23 。

程式碼 4.23 利用 MobileNet v3 與 ScaNN 建置相似圖片搜尋功能

```python
# https://github.com/shibuiwilliam/building-ml-system/blob/develop/➜
chapter3_4_aianimals/search/model_development/similar_image_search/➜
src/models/scann.py

import tensorflow as tf
import tensorflow_hub as hub
import tensorflow_recommenders as tfrs
from tensorflow import keras

# 省略。

# 儲存相似圖片搜尋推論器的類別。
class Scann(keras.Model):
    def __init__(
        self,
        feature_extraction,
        model,
    ):
        super().__init__(self)
        self.feature_extraction = feature_extraction
        self.model = model

        # 推論器的輸入資料。
        @tf.function(
            input_signature=[
                tf.TensorSpec(
                    shape=[None, 224, 224, 3],
                    dtype=tf.float32,
                    name="image",
                ),
                tf.TensorSpec(
                    shape=[1],
                    dtype=tf.int32,
```

於動物圖片應用程式的搜尋功能使用機器學習

```
                    name="k",
                ),
            ]
        )
    def serving_fn(
        self,
        input_img: List[float],
        k: int,
    ) -> tf.Tensor:
        feature = self.feature_extraction(input_img)
        return self.model(feature, k=k)

    # 儲存推論器。
    def save(
        self,
        export_path: str = "/opt/outputs/saved_model/similar_image_➡
search/0",
    ):
        signatures = {"serving_default": self.serving_fn}
        keras.backend.set_learning_phase(0)
        tf.saved_model.save(self, export_path, signatures=signatures)

# 定義相似圖片搜尋功能的類別。
class ScannModel(object):
    def __init__(
        self,
        tfhub_url: str = "https://tfhub.dev/google/imagenet/➡
mobilenet_v3_large_100_224/feature_vector/5",
        height: int = 224,
        width: int = 224,
    ):
        self.tfhub_url = tfhub_url
        self.hwd = (height, width, 3)

    # 從 TensorFlow Hub 取得特徵值萃取模型。
    def __define_feature_extraction(self):
        self.feature_extraction = keras.Sequential(
            [
                hub.KerasLayer(
                    self.tfhub_url,
                    trainable=False,
                ),
            ],
        )
        self.feature_extraction.build([None, *self.hwd])
```

於動物圖片應用程式的搜尋功能使用機器學習

```
# 萃取圖片的特徵值。
def __make_embedding_data(
    self,
    dataset: Dataset,
    batch_size: int = 32,
):
    id_data = tf.data.Dataset.from_tensor_slices(dataset.ids)
    image_data = tf.data.Dataset.from_tensor_slices(dataset.data)
    self.x_train_embedding = tf.data.Dataset.zip(
        (
            id_data.batch(batch_size),
            image_data.batch(batch_size).map(self.feature_➡
extraction),
        )
    )


# 定義相似圖片搜尋模型。
def __define_similarity_search_model(
    self,
    num_leaves: int = 1000,
    num_leaves_to_search: int = 100,
    num_reordering_candidates: int = 100,
):
    self.model = tfrs.layers.factorized_top_k.ScaNN(
        num_leaves=num_leaves,
        num_leaves_to_search=num_leaves_to_search,
        num_reordering_candidates=num_reordering_candidates,
    )
    self.model.index_from_dataset(self.x_train_embedding)

# 於推論所需的 Scann 類別導入相似圖片搜尋模型。
def make_similarity_search_model(
    self,
    dataset: Dataset,
    batch_size: int = 32,
    num_leaves: int = 1000,
    num_leaves_to_search: int = 100,
    num_reordering_candidates: int = 100,
):
    self.__define_feature_extraction()
    self.__make_embedding_data(dataset=dataset, ➡
batch_size=batch_size)
    self.__define_similarity_search_model(
        num_leaves=num_leaves,
```

```
                num_leaves_to_search=num_leaves_to_search,
                num_reordering_candidates=num_reordering_candidates,
            )
        self.scann = Scann(
                feature_extraction=self.feature_extraction,
                model=self.model,
            )

    # 儲存模型。
    def save_as_saved_model(
        self,
        saved_model: str = "/opt/outputs/saved_model/similar_image_➡
  search/0",
    ) -> str:
        self.scann.save(export_path=saved_model)
        logger.info(f"saved model: {saved_model}")
        return saved_model
```

ScannModel 類別的 __define_feature_extraction 函數會下載
MobileNet v3 模型。__make_embedding_data 函數與 __define_
similarity_search_model 函數會利用 MobileNet v3 從圖片萃取特徵
值,再將特徵值當成索引新增至 ScaNN。MobileNet v3 本身會以 self.
feature_extraction 傳遞給 Scann 類別,而 ScaNN 本身則是以 self.
model 傳遞給 Scann 類別。

Scann 類別是讓 MobileNet v3 與 ScaNN 組成的推論器當成 TensorFlow
Serving 運作的類別。Scann 是以 serving_fn 函數執行推論。輸入介面則
定義為 input_signature。輸入的內容有兩種,一種是輸入的圖片,也就
是 image(長寬為 224 像素以及 RGB 的三維浮點數)以及指定回應圖片數的
k。之後則是利用 save 函數將推論器儲存為 TensorFlow 的 Saved Model。
Saved Model 會在啟動推論器的時候由 TensorFlow Serving 載入。

這麼短的程式就能實現相似圖片搜尋這麼複雜的技術。

此外,這次建置的 Saved Model 會存入 MLflow Tracking Server,相關的
程式則予以省略。

4.6.2　MobileNet v3 與 ScaNN 的推論器

接著要建置相似圖片搜尋推論器。於前一節以 ScaNN 建置的推論模型會將圖片與回應的圖片數當成輸入值使用。輸入的圖片會於 TensorFlow Serving 的 MobileNet v3 轉換成特徵值，與該特徵值相似的圖片的 ID 清單則會是 TensorFlow Serving 回應的內容。在建置相似圖片搜尋推論器的時候，會在後台 API 與 TensorFlow Serving 之間建置交換資料所需的代理器。

TensorFlow Serving 會以具有 REST API 與 gRPC 端點的網頁 API 運作。TensorFlow Serving 的建置方式與前一章違規偵測的內容相同，只有一點需要特別注意，那就是一般的 TensorFlow Serving 的 Docker 映像不支援 ScaNN，所以要執行 ScaNN 就必須建置專用的 TensorFlow Serving 的 Docker 映像（https://hub.docker.com/r/google/tf-serving-scann）。除了這部分之外，可利用違規偵測的方法啟動 TensorFlow Serving。

代理器會從後台 API 取得要搜尋的圖片的 ID，然後下載圖片與進行前置處理，再向 ScaNN 的 TensorFlow Serving 發出要求。由於會收到相似圖片的 ID 以及相似度清單，所以只有 ID 清單會回應給後台 API。

這一連串的流程的程式碼請參考 程式碼 4.24 。

程式碼 4.24　搜尋相似圖片

```
# https://github.com/shibuiwilliam/building-ml-system/blob/develop/➡
chapter3_4_aianimals/search/similar_image_search/proxy/src/usecase/➡
search_similar_image_usecase.py

import httpx
from fastapi import BackgroundTasks
from PIL import Image
from src.repository.animal_repository import AnimalQuery, ➡
AnimalRepository
from src.schema.animal import AnimalRequest, AnimalResponse

# 省略。

class SearchSimilarImageUsecase(AbstractSearchSimilarImageUsecase):
    # 省略。
```

```python
def search(
    self,
    request: AnimalRequest,
    background_tasks: BackgroundTasks,
) -> AnimalResponse:
    # 省略。

    # 取得動物圖片的 URL。
    source_animals = self.animal_repository.select(
        animal_query=AnimalQuery(id=request.id),
        limit=1,
        offset=0,
    )
    source_animal = source_animals[0]

    # 下載動物圖片。
    with httpx.Client(
        timeout=10.0,
    ) as client:
        res = client.get(source_animal.photo_url)
    img = Image.open(BytesIO(res.content))

    # 將動物圖片轉換成 RGB。
    if img.mode == "RGBA":
        img_rgb = Image.new("RGB", (img.height, img.width), ➡
(255, 255, 255))
        img_rgb.paste(img, mask=img.split()[3])
        img = img_rgb

    # 搜尋相似圖片。
    prediction = self.predictor.predict(img=img)

    # 回應相似圖片的 ID 清單。
    animals_ids = [
        animal_id
        for animal_id, similarity in zip(prediction.animal_ids, ➡
prediction.similarities)
        if similarity >= 100
    ]
    # 省略。
    return AnimalResponse(ids=animals_ids)
```

程式碼 4.24 的 prediction = self.predictor.predict(img=img) 就是搜尋相似圖片的處理。predictor.predict 的真面目就是 程式碼 4.25 。

程式碼 4.25 相似圖片搜尋推論器

```
# https://github.com/shibuiwilliam/building-ml-system/blob/develop/➡
chapter3_4_aianimals/search/similar_image_search/proxy/src/service/➡
predictor.py

import httpx
import numpy as np
from PIL import Image

# 省略。

class SimilarImageSearchPredictor(AbstractPredictor):
    # 省略。

    # 前置處理。
    def _preprocess(
        self,
        img: Image,
    ) -> np.ndarray:
        img = img.resize((self.height, self.width))
        array = np.array(img).reshape((1, self.height, self.width, ➡
3)).astype(np.float32) / 255.0
        return array

    # 向 TensorFlow Serving 發出要求。
    def _predict(
        self,
        img_array: np.ndarray,
        k: int = 32,
    ) -> Optional[Dict]:
        img_list = img_array.tolist()
        request_dict = {
            "inputs": {
                "image": img_list,
                "k": k,
            },
        }
        with httpx.Client(
            timeout=self.timeout,
            transport=self.transport,
```

```
        ) as client:
            res = client.post(
                self.url,
                data=json.dumps(request_dict),
                headers={"Content-Type": "application/json"},
            )
        response = res.json()
        return response["outputs"]

    # 推論。
    def predict(
        self,
        img: Image,
    ) -> Optional[Prediction]:
        img_array = self._preprocess(img=img)
        prediction = self._predict(img_array=img_array)
        return Prediction(
            animal_ids=prediction["output_1"][0],
            similarities=prediction["output_0"][0],
        )
```

前置處理的 _preprocess 函數會將圖片調整為長寬皆為 224 像素，色彩
模式為 RGB 的三維浮點數（float32）。，再將像素轉換成值介於 0 與 1 之
間的數值陣列。_predict 函數則是利用 REST 用戶端 httpx 對 ScaNN
的 TensorFlow Serving 發出要求。在這個要求之中，經過前置處理的圖片
image 與相似圖片 ID 的數量 k 都是輸入值。結果會以下列的 JSON 格式傳回。

```
{
    "output_0": [[0.9, 0.8, 0.7, ...]],
    "output_1": [["image_id_0", "image_id_1", "image_id_2", ...]]
}
```

output_0 為相似度陣列，output_1 為相似圖片 ID 清單。

讓後台 API 對相似圖片搜尋代理器要求圖片 ID，就能將相似圖片搜尋功能植
入 AIAnimals。

在相似圖片搜尋章節的最後，要說明更新索引的方法。利用 ScaNN 建置的相似圖片搜尋功能會於 **4.6.1 節**儲存的 ScaNN 索引放入可搜尋的圖片。換句話說，只要使用者在 AIAnimals 上傳了新圖片，就必須更新 ScaNN 才能搜尋到新圖片。ScaNN 無法在現存的 ScaNN 新增圖片的特徵值，所以為了能夠搜尋到新圖片，就必須先取得整張圖片，再利用本章 **4.6.1 節**的程式建立 ScaNN 索引。

模型的自動學習與發佈與排序學習的 **4.4.4 節**的說明相同，都是在 Argo Workflows 與 MLflw 進行。具體來說，就是先建立相似圖片的 ScaNN 索引，接著將該 MLflow 的 experiment_id 與 run_id 傳遞給 TensorFlow Serving 與代理器，藉此更新 ScaNN 索引。

負責讓模型自動學習與發佈的 Argo Workflows manifest 請參考 程式碼 4.26 。

程式碼 4.26 讓相似圖片搜尋功能自動更新的 Argo Workflows manifest

```yaml
# https://github.com/shibuiwilliam/building-ml-system/blob/develop/➡
chapter3_4_aianimals/infrastructure/manifests/argo/workflow/➡
search_similar_image_search_train.yaml

apiVersion: argoproj.io/v1alpha1
kind: CronWorkflow
metadata:
  generateName: search-similar-image-search-pipeline-
spec:
  schedule: "0 * * * *"
  concurrencyPolicy: "Forbid"
  startingDeadlineSeconds: 0
  workflowSpec:
    entrypoint: pipeline
    templates:
      # 建立 ScaNN 索引與更新推論器的管線。
      - name: pipeline
        steps:
          # 利用 TensorFlow 學習相似圖片搜尋模型。
          - - name: search-similar-image-search-train
              template: search-similar-image-search-train
```

於動物圖片應用程式的搜尋功能使用機器學習

```
        # 更新 TensorFlow Serving。
    - - name: search-similar-image-search-update
        template: search-similar-image-search-update
        arguments:
          parameters:
            - name: deployment
              value: similar-image-search-serving
            - name: containers
              value: model-loader
            - name: mlflow-params
              value: "{{steps.search-similar-image-search-➡
train.outputs.parameters.mlflow-params}}"

        # 更新代理器。
    - name: search-similar-image-search-proxy-update
        template: search-similar-image-search-proxy-update
        arguments:
          parameters:
            - name: deployment
              value: similar-image-search-proxy
            - name: containers
              value: similar-image-search-proxy
            - name: mlflow-params
              value: "{{steps.search-similar-image-search-➡
train.outputs.parameters.mlflow-params}}"

      # 建立 ScaNN 索引。
    - name: search-similar-image-search-train
      container:
        image: shibui/building-ml-system:ai_animals_search_➡
similar_image_search_train_0.0.0
        # 部分省略。
        env:
          # 部分省略。
          - name: MODEL_CONFIG
            value: mobilenet_v3_scann
          - name: MLFLOW_TRACKING_URI
            value: http://mlflow.mlflow.svc.cluster.local:5000
          - name: MLFLOW_EXPERIMENT
            value: search_similar_image_search
      outputs:
        parameters:
          - name: mlflow-params
            valueFrom:
```

```
                    path: /tmp/output.json

    # 更新 TensorFlow Serving。
    - name: search-similar-image-search-update
      serviceAccountName: user-admin
      inputs:
        parameters:
          - name: deployment
          - name: containers
          - name: mlflow-params
      container:
        image: shibui/building-ml-system:ai_animals_k8s_client_0.0.0
        # 利用 kubectl 更新 TensorFlow Serving 的 deployment。
        command: [kubectl]
        args:
          - -n
          - search
          - set
          - env
          - deployment
          - "{{inputs.parameters.deployment}}"
          - "--containers={{inputs.parameters.containers}}"
          - "MLFLOW_PARAM_JSON={{inputs.parameters.mlflow-params}}"
          - "TARGET_ARTIFACTS=saved_model"
          - "TARGET_URLS=''"

    # 更新代理器。
    - name: search-similar-image-search-proxy-update
      serviceAccountName: user-admin
      inputs:
        parameters:
          - name: deployment
          - name: containers
          - name: mlflow-params
      container:
        image: shibui/building-ml-system:ai_animals_k8s_client_0.0.0
        # 利用 kubectl 更新代理器的 deployment。
        command: [kubectl]
        args:
          - -n
          - search
          - set
          - env
          - deployment
          - "{{inputs.parameters.deployment}}"
```

```
    - "--containers={{inputs.parameters.containers}}"
    - "MLFLOW_PARAM_JSON={{inputs.parameters.mlflow-params}}"
    - "PSEUDO_PREDICTION=0"
```

由於使用者會常常上傳圖片,所以透過 schedule: "0 * * * *" 這個設定讓這個管線每 1 小時執行一次,以及每 1 小時發佈包含新圖片的相似圖片搜尋推論器(代理器與 TensorFlow Serving)。每更新一次,就會利用 ScaNN 索引重新建置代理器與 TensorFlow Serving,推論器的 Kubernetes deployment 也會跟著更新。

在 Argo Workflows 執行相似圖片搜尋學習工作流程的畫面請參考 圖 4.20 。由於 TensorFlow Serving 與代理器會在學習之後更新,所以這個工作流程最終會分歧。

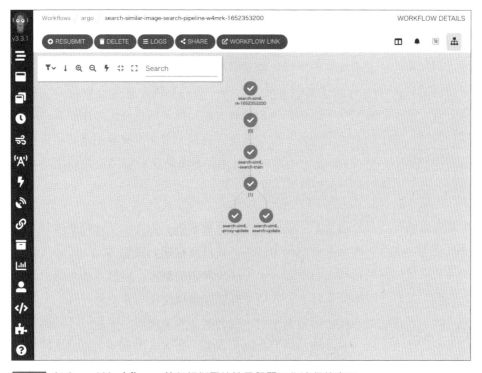

圖 4.20 在 Argo Workflows 執行相似圖片搜尋學習工作流程的畫面

只要執行這個工作流程就能發佈含有新圖片的相似圖片搜尋推論器。

4.7 打造使用者願意使用的機器學習

本章利用機器學習避免搜尋功能有所疏漏，也讓搜尋功能能夠重新排序搜尋結果，以及利用圖片搜尋。在這個網路已普及了三十幾年，智慧型手機普及了十幾年的時代，透過網路搜尋資料已成為每個人的日常。本章則是利用各種手法改善了 AIAnimals 這套智慧型手機應用程式的搜尋功能。

這些改善是否真的對使用者有用，必須等到使用者實際使用才知道。本章以機器學習解決了搜尋功能的課題（避免疏漏、篩選、排序、用於搜尋的內容），也希望藉此改善使用體驗。如果能夠讓 fastText 打造的相似詞詞典的快取數增加，或是能利用圖片打造排序學習模型，應該能進一步改善搜尋功能。如果大幅修改智慧型手機應用程式的介面，以及全面應用相似圖片搜尋功能，活躍使用者說不定會增加至 2 倍，不過，這一切終究只是假設。

要透過技術解決應用程式的課題，就必須不斷地嘗試以及建立評估的指標，確定是否真的解決或改善了課題。以評估搜尋功能為例，就是分析存取歷程記錄，確定搜尋的實用性，如果是違規偵測處理的話，則是分析找出了多少違規圖片，以及算出預防使用體驗下滑了幾個百分點（當然，要算出這個百分比不是那麼簡單……）。在開發產品時，通常得從多不勝數的選項之中挑出適當的方案，再以不多的人力執行這個方案。

本書的目的在於介紹提升使用體驗的機器學習系統，也介紹了以機器學習打造需求預測、違規偵測、改善搜尋功能的系統以及相關的建置方式。打造這些機器學習系統的重點在於決定課題、決定解決課題的劇本、設計系統架構以及以預設的人力打造與維護系統。不先決定課題就選擇技術只會浪費時間。沒有先設定解決課題的劇本就使用機器學習，只會增加事業失敗的風險。不先思考架構就開始建置系統只會讓機器學習成為負資產。建置人力無法負擔的系統只會讓團隊成員承受莫大的壓力，也無法維護系統的品質。本書為大家介紹了在可行的範圍應用機器學習的方法，但願本書能成為各位讀者透過機器學習解決課題的線索。

CONCLUSION 結語

之所以有機會撰寫本書，全是因為在寫完前著《AI 開發的機器學習系統設計模式》之後，我請求負責編輯前著的宮腰先生讓我繼續撰寫前著未完之處。或許編輯不知道我的第二本書會不會暢銷，但很感謝宮腰先生一口答應（？）我的請求，也很感謝這個企劃能夠通過。非常感謝那些願意包容我的人。

出版前著之後，我於 2021 年年底轉職到 Launchable Inc.（ URL https://www.launchableinc.com/）這間外國新創公司服務，也替多間公司開發軟體，同時經營 MLOps 社群（ URL https://mlops.connpass.com/）這個機器學習實用與研究 DevOps 技術的社群。做這些事情的目的都是為了打造讓機器學習與資料於正式系統應用，每天都是不斷學習與輸出知識。

在資料科學與機器學習受到矚目接近十年的現在，應該有不少工程師已經具備機器學習的經驗，但是人數遠遠不及企業所需的數量。企業的核心是經營事業而不是研究，所以讓機器學習實用化所需的工程技術與知識，恐怕與機器學習的學術研究同樣重要，甚至是更加重要。一如八年多之前的一篇知名論文《Hidden Technical Debt in Machine Learning Systems》（ URL https://proceedings.neurips.cc/paper/2015/file/86df7dcfd896fcaf2674f757a2463eba-Paper.pdf）所述，要讓機器學習快速實用化而且變得更加方便，就需要建置各種系統，這個論點也非常符合目前的狀況（當然，技術有了不少進步）。

在軟體工程的世界裡，各種雲端業者（例如：Amazon Web Service、Google Cloud Platform、Microsoft Azure）提供了讓新技術得以應用的服務，使用者也能在這些雲端服務使用技術，而機器學習當然也不例外，比方說 Amazon Web Service 的 SageMaker 就提供了機器學習的基礎建設，而 Google Cloud Platform 則提供了 Vertex AI，使用者需要的是利用這些雲端組合打造系統的能力，而在這種情況下，不使用雲端服務打造本書介紹的機器學習系統，算是非常罕見的例子。不過，就算使用雲端服務打造機器學習系統，或是打算從零建置系統，都還是得先思考解決課題的劇本、規劃工作流程以及打造實踐工作流程的系統。隨著雲端服務問世，軟體工程的技術堆疊與速度都變得完全不同，但是利用軟體工程解決課題的原則還是沒變。就算讓機器學習實用化的基礎建設或是服務在這幾年大幅改變，但是利用機器學習解決課題的流程還是沒有明顯改變。

當雲端技術、機器學習之外的新技術問世，要打造讓這項新技術實用化的系統，讓這項新技術幫助事業發展，就需要開發系統、維護系統的能力。在軟體工程的世界裡，每天都有新技術誕生，這些新技術也具有改變世界的力量。若想待在這種軟體工程的世界，就必須具備選擇新技術的能力，以及應用新技術的能力。培養這種能力的捷徑就是不斷地應用各種新技術。如果不願嘗試，就無法開創新局。就算是那些能用現有的服務快速建置的系統，若願意繞點遠路，以其他的方式建置，就能為自己培養開創新氣象的能力與經驗。

直到現在，《Structure and Interpretation of Computer Programs》（Hal Abelson's, Jerry Sussman's and Julie Sussman's Structure and Interpretation of Computer Programs、MIT Press、1984、 URL https://web.mit.edu/6.001/6.037/sicp.pdf）這本於接近四十年前寫成的計算機科學經典教科書都還受到許多人推崇。雖然其中的程式範例都是以 LISP 這套現代軟體開發不太會用的程式語言所撰寫，但是這本《Structure and Interpretation of Computer Programs》之所以受到那麼多人喜愛，在於它介紹了電腦系統的精髓，而這些內容都歷久彌新，也能帶給讀者正確的觀念。如果本書萬分之一的內容也能在機器學習的實用化以及新技術的應用提供正確的觀念，那將是作者無上的榮幸。

2022 年 11 月吉日

澁井 雄介

P/Q/R

S/T/U/V

9～10 劃

建構機器學習系統實踐指南

作　　者：澁井　雄介
裝幀 / 內文設計：大下　賢一郎
校閱合作：佐藤　弘文
範例驗證：村上　俊一
特別感謝(依照 50 音的順序排列)：杉山　阿聖 / 田中　翔
譯　　者：許郁文
企劃編輯：詹祐甯
文字編輯：詹祐甯
特約編輯：陳佑慈
設計裝幀：張寶莉
發 行 人：廖文良

發 行 所：碁峰資訊股份有限公司
地　　址：台北市南港區三重路 66 號 7 樓之 6
電　　話：(02)2788-2408
傳　　真：(02)8192-4433
網　　站：www.gotop.com.tw
書　　號：ACD023500
版　　次：2024 年 07 月初版
建議售價：NT$620

國家圖書館出版品預行編目資料

建構機器學習系統實踐指南 / 澁井雄介原著；許郁文譯. -- 初
　版.-- 臺北市：碁峰資訊, 2024.07
　　面；　公分
　　ISBN 978-626-324-842-7(平裝)
　　1.CST：機器學習　2.CST：系統設計
312.831　　　　　　　　　　　　　　　113008603